JN094751

第 3 版

新版 環境の科学

人間の活動は自然環境に何をもたらすか

中田昌宏

笠嶋義夫

三 共 出 版

新版（第3版）にあたって

　本書『環境の科学』の初版が世に出たのは2001年であった。その後，改編を加え2008年に新訂となり8年が経過した。

　このたび，地球環境問題の最大の課題である「地球温暖化」に対し，国連の「気候変動に関する政府間パネル（IPCC）」の第5次評価報告書を受けて，2015年のCOP 21（気候変動パリ協定）が採択され，2016年11月に発行したこととさらに，本書で重点的に取り上げてきた項目の一つ，原子力についてその認識に変化の兆しが見えてきたことを契機に大幅に見直しを行い，全般的に加筆変更した上で，新たに新版として刊行することになった。

　「パリ協定」では，これまでの京都議定書に代って先進国・途上国を問わずすべての国が温室効果ガスの排出削減の義務を負い，産業革命以降の気温上昇を2度未満に抑えるのを目標とした。各国が自主的な削減目標を示し実行するなど随所で京都議定書が補われ2020年以降に本格的に動き出している。

　温暖化問題の解決策として重要なことは，再生可能なエネルギーである。そこで，本書は新たに2章として「再生可能エネルギー」を取り上げた。

　さらに7章で廃棄物問題とマイクロプラスチックについて触れた。

　一方，原子力では2011年の東京電力福島第一原子力発電所の事故以来，原発は世界的に建設数が低迷し，建設費や安全対策費も高騰している。原発事故は事故を起した国のみならず，近隣の国々にも多大な影響を与える。核燃料サイクルはこれからどうなるのか。高速増殖炉「もんじゅ」は遂に廃炉が決まった。溜り続ける日本のプルトニウムは47 t。これも問題である。

　「天の道は利して害せず。聖人の道は為して争わず」『老子』（八十一章）

　天の道は恵みを与えるだけで損うことはなく，聖人の道は何かを為しても争うことはない。ここでの「道」は，あり方とか方法，筋道，規範などの通常の意味で，聖人の「道」が「為して争わず」というのは，聖人は何かを行っても人々と争うようなことはないということである。

　2024年3月　　　　　　　　　　　　　　　　　　　　　　　　著　　者

まえがき

　21 世紀，われわれ人類はあらゆる面で，かつて経験したことがないような一大転機となる変革を迫られている。地球の資源は有限であり，消費できるエネルギーも限られている。さらに，地球の再生能力にも限界があることがはっきりしている。生命が地球に誕生してからおよそ 38 億年，その間にある種は絶え，ある種は進化・繁栄という輪廻をくり返してきた。これらは気候変動・地殻変動がその主な要因であり，ここに人類は初めて地球の有限性と向き合うことになった。これらの警告はいたるところから発せられている。全ての人がこれらを真摯に受け止め，どのように対処するかが問われている。われわれの考え方，暮らし方は環境により大幅に制約を受けると同時に，環境そのものも変化させている。したがって，全ての人々の行動様式が今後の地球環境を左右することは言うまでもない。ゲノム（全遺伝情報）で言えば，人とチンパンジーは 98.8％が同じ。サルでも 92％，植物のイネであっても 40％は一緒だ。地球上の生物は全てが DNA 型生物であり命はつながっている。地上のすべての生命に畏敬の念を抱き慈しみの心を持ちつつ，共に考え，共に学ぶ機会となれば，という願いから本書を刊行した。知識を得ると同時に，自らの生き方を考える上で参考や指針にしてもらいたい。

　著者は工科系大学の学生に環境関連の講義をする立場にあったが，一部の授業を社会人にも開放してきた。本書は授業公開講座で用いた講義資料が土台となっている。それゆえ，本書は理工系の学生のみならず文科系の学生，さらには社会人読者にも理解しやすく読み進めることができるよう配慮した。

　第 1 章では，地球環境問題としてまず取り上げねばならない現今の最大の課題，「地球温暖化」を取り上げた。環境の根源的問題は人の消費するエネルギーにある。都会の夏が暑いことは読者の経験するところである。エネルギー消費の結果である二酸化炭素の放出はビニールハウスのように地球の熱を逃がさない。生体における反応速度は 2 ～ 3℃の上昇で 10 倍も違う。

　第 2 章では「再生可能エネルギー」問題を取り上げた。

　第 3 章では「オゾン層の破壊」を考える。紫外線の増加による皮膚がんの増加が懸念される。安定な化学物質として開発されたフロンが，その安定さゆえ

に成層圏まで上昇し，オゾン層を破壊しオゾンホールを作ると同時に温暖化を加速する。

　第4章では大気汚染物質が「酸性の雨」となって降り，大地と緑の森を蝕んでいる現状を取りあげた。酸性雨は工業的に大量に生みだされる酸性降下物に起因し，環境問題の広域化の事態を示している。

　第5章では，「人口問題，食料問題，水資源」さらに最近の「遺伝子組み替え作物」に言及した。地球の養える人口が限界に近づきつつあるという思いが多くの人々の認識にある。水資源の枯渇も緊急を要する課題である。

　第6章では「原子力」の問題点を掘り下げた。ここにきて，現代社会の経済成長路線から要請されるエネルギー不足の切り札であったはずの原子力が，技術的にも経済的にも多くの矛盾を露呈しつつある。高レベル放射性物質の廃棄も問題である。なお，福島原子力発電所事故についてもふれた。

　第7章では「廃棄物問題とマイクロプラスチック」を取り上げた。ダイオキシンがごみの焼却というごく日常の暮らしと密着していることが明らかとなった。またプラスチックの使用が「マイクロプラスチック」という極微細な化合物へと変化し，さまざまな問題を引き起こしている事実を明らかにした。

　第8章では「いま，文明はどこに向かおうとしているか」と題し，「おわりに」と共に本書の方向性を示した。科学技術を社会や文化の中にどう位置づけるべきか。われわれは哲学や宗教などを含めた人文・社会科学と連携のもとに科学技術を善導する知恵を持つ必要がある。読者のご批判，ご教示を得たい。最後に付録として単位系の表をまとめた。

　本書は大学の低学年から高学年と幅広く利用できるよう，多くの図表を盛り込んでいる。これらは多くの文献から引用させていただいた。引用させていただいた文献は章末にまとめて示した。ここに厚く感謝の意を表する。

　本書では，熱量の単位としてカロリー（cal）を踏襲した箇所もある。これは，多くの読者に「熱量」を共有してもらいたいからである。

　本書を書くにあたって三共出版の秀島功氏からの文章についての細部にわたるご指摘をはじめ，読みやすい頁作りに，助言を頂いたことに対し深謝する。

　　2024年2月

著　者

目　次

4．酸性雨と森林

5．人口増加と食糧問題

はじめに

　地球46億年の歴史のなかで生命が誕生したのは，およそ38億年前といわれている。この長い歴史に比べれば，約700万年前，アフリカで誕生した人類の歴史は，ほんの一瞬にすぎない。（2001年，約700万年前の猿人と見られる化石が，アフリカ中部のチャド共和国で見つかった。人類の祖先としては最古とされる）ホモサピエンス（新人）と呼ばれる現代人の祖先が現れてから10数万年。日本の縄文時代にいたっては，たかだか1万2,000〜6,000年前。つい最近のことだ。しかし，人類はその一瞬の間に高度の文明を築き上げた。長い生物の歴史のなかで，人類という一つの種がこれほど繁栄した歴史を地球は経験していない。

　文明の発達は，急激な人口の増加と物資の大量生産をもたらし，資源のおびただしい消費を促した。その結果，いままでのように人類だけが，自然の恵みを一方的に享受し続けることに限界のあることが次第に明らかになってきた。

　地球上には，われわれ人類をはじめ，数千万種ともいわれる動物・植物・微生物といったさまざまな生物が，互いに関わり合いながら生活し，壮大な生物的自然環境を作り上げている。さらに，生物は大気・水・土壌などまわりの環境，すなわち無機的（非生物的）な自然とも密接な関係を保ちながら，生態系と呼ばれる一つのまとまりをつくっている。

　生物の進化は，環境との関わりが重要な要因となっている。異なる環境のもとでは，異なる種の生物が，その環境に適応して生活している。

　食物連鎖と呼ばれる系も，生態系を構成する生物が，それをもととして相互の共存を可能にしている。言葉をかえていえば，生態系は，生成と発展・崩壊と消滅を繰り返しながら変遷する「進化の歴史の表れ」そのものといえよう。

　しかし，およそ700万年の歴史しかない人類が，いまから1万2,000〜1万4,000年前より地球の自然史を大きく変化させた。農耕・牧畜文明の開花であ

る。人類は，それまで地球上に存在しなかった農耕・牧畜文明を持つことによって，効果的な生産手段と余剰価値を手に入れ，自然生態系から決別し，文化を誕生させた。農耕・牧畜社会の出現による財の蓄積と所有概念の発達は，社会組織を発展させ，支配と権力の基盤を築きあげ，今日の物質文明へと導いた。

　現在の自然生態系は，生物38億年の進化の歴史の産物で，「生きとし生けるものの永遠の調和と持続」を保証するものとしてできあがったものである。

　文明の発達とともに，われわれ先進国の生活は大変豊かになった。人間は文明社会を維持・発展させるため都市を建設し，工業を興し，交通網をつくるなど，自らを取り巻く自然を変化させて，大量の物資の生産・消費・廃棄という社会を作り，しだいに自然環境を破壊するといった問題を生み出すにいたった。現代社会では格差の拡大も大きな問題である。

　生物の存在する環境においては，多くの物質が循環し，「動的な平衡」を保っている。この平衡が大きく乱されることがあれば，生物の存在は危うくなるであろう。文明社会における人間の活動は，自然界の物質循環を，これまでみられない速度で変化・加速させ，平衡を急速に移動させている。

　人間と自然が調和し，自然界の平衡を正常に保つには，どのようにしたらよいであろうか。エネルギー，人口，自然破壊や資源の枯渇など，人類が抱える諸問題を，どう解決すべきか。どうしたら世界の人々が幸福になれるのか。

　環境問題が，われわれ人類に突きつける課題は非常に大きい。一言でいえば，20世紀型の産業文明を21世紀には延長することができず，「文明の転換」が求められている。また人工知能（AI），バイオ科学，ロボットの進歩により未来はどうなるかはわからない。

　発展途上国が，これまでの先進国と同じ方法で工業化を進めれば，地球全体の資源エネルギーの消費量は計り知れなく，それだけ地球環境は悪化する。1992年6月，ブラジルで開かれた地球サミットでは，「持続可能な開発（Sustainable Development）」が叫ばれたが，本当に持続可能な開発を行うなら，あらゆる面で大転換が必要となろう。

　環境保全の視点からみて，経済開発のコントロールは可能であろうか。1990年代は「地球環境の時代」とよくいわれていた。現在は，二酸化炭素による地球温暖化，フロンガスによるオゾン層の破壊，酸性雨，熱帯雨林の破壊や砂漠

化，野生生物の絶滅，廃棄物，原子力など，難問があまりにも山積している。とりわけ地球温暖化（気候変動）は現今の最大の課題である。

　新しい型の産業構造とは，どのようなものであろうか。その姿はまだ見えていない。それらは叡知を集め作り上げていかねばならない。先進国は，この問題に対しどのように対処すればよいであろうか。最も大切なのは，先進国の一人ひとりが資源多消費型，環境破壊型の生活様式から脱却し，これを克服することにある。同時に，先進国が持っている技術力と，産業組織をマネージメントするシステムを発展途上国に移転し，省資源，省エネルギー的な環境保全型の経済発展の手助けと，それに携わる人材の育成を行い，一刻も早く南北問題を解消することが大切である。格差の拡大にもメスを入れなければならない。

　バランスのとれた，ゆとりのある，質素な生活を，かけ声だけでなく，社会的な規範として確立していく必要がある。まさに「地球規模で考え，足下から行動を（Think globally, act locally）」の実践こそが肝要である。

　環境問題は「現代を生きる倫理」の問題だ。こうした，人間と環境をつなぐ倫理として「環境倫理（Environmental ethics）」という言葉がある。

　科学技術を駆使するわれわれも，地球に展開する壮大な食物連鎖のなかに生きる生物の一員であり，唯一植物が行う光合成によって生産される有機物によって生かされていることを忘れてはならない。

　過去を追うなかれ，未来を願うなかれ。過去はすでに過ぎ去り，未来はいまだいたらず。ただ，現在の法をよく観察してゆるみなく治めよ。

　今日，まさになすべきことを熱心になせ。たれか明日の死を知るべきや。

　　　　　　　　　　（中部経典四・三一）

　古い仏典が伝える仏陀の言葉である。変化し，移り変わる世の中にあって，現在の一瞬一瞬を大切に生きよ，と説いている。

持続可能な開発目標 SDGs（Sustainable Development Goals）

SDGs（サスティナブル・ディベロップメント・ゴールズ）という言葉は国連が 2030 年までに達成を目指す「持続可能な開発目標（sustainable development goals）の略で 17 分野の課題がある

開発アジェンダの節目の年，2015 年の 9 月 25 日― 27 日，ニューヨーク国連本部において，「国連持続可能な開発サミット」が開催され，150 を超える加盟国首脳の参加のもと，その成果文書として，「我々の世界を変革する：持続可能な開発のための 2030 アジェンダ」が採択された。アジェンダは，人間，地球及び繁栄のための行動計画として，宣言および目標をかかげた。この目標が，ミレニアム開発目標（MDGs）の後継であり，17 の目標と 169 のターゲットからなる「持続可能な開発目標（SDGs)」である。

目標 1．あらゆる場所のあらゆる形態の貧困を終わらせる

目標 2．飢餓を終わらせ，食料安全保障及び栄養改善を実現し，持続可能な農業を促進する

目標 3．あらゆる年齢のすべての人々の健康的な生活を確保し，福祉を促進する

目標 4．すべての人々への包摂的かつ公正な質の高い教育を提供し，生涯学習の機会を促進する

目標 5．ジェンダー平等を達成し，すべての女性及び女児の能力強化を行う

目標 6．すべての人々の水と衛生の利用可能性と持続可能な管理を確保する

目標 7．すべての人々の，安価かつ信頼できる持続可能な近代的エネルギーへのアクセスを確保する

目標 8．包摂的かつ持続可能な経済成長及びすべての人々の完全かつ生産的な雇用と働きがいのある人間らしい雇用ディーセント・ワークを促進する

目標 9．強靱（レジリエント）なインフラ構築，包摂的かつ持続可能な産業化の促進及びイノベーションの推進を図る

目標 10．各国内及び各国間の不平等を是正する

目標11．包摂的で安全かつ強靱レジリエントで持続可能な都市及び人間居住を実現する

目標12．持続可能な生産消費形態を確保する

目標13．気候変動及びその影響を軽減するための緊急対策を講じる

目標14．持続可能な開発のために海洋・海洋資源を保全し，持続可能な形で利用する

目標15．陸域生態系の保護，回復，持続可能な利用の推進，持続可能な森林の経営，砂漠化への対処，ならびに土地の劣化の阻止・回復及び生物多様性の損失を阻止する

目標16．持続可能な開発のための平和で包摂的な社会を促進し，すべての人々に司法へのアクセスを提供し，あらゆるレベルにおいて効果的で説明責任のある包摂的な制度を構築する

目標17．持続可能な開発のための実施手段を強化し，グローバル・パートナーシップを活性化する

＊2023年7月に国連から発表された報告書「持続可能な開発目標（SDGs）報告2023：特別版」は，これら17の目標を達成するために具体化された169項目のターゲットのうち，順調に推移しているものは15％にとどまり，48％は達成に向けた軌道から外れ，37％は2015年の基準年から停滞もしくは後退している，と指摘した。国連貿易開発会議は，これを受けて，2030年までにSDGsの目標を達成するには，途上国だけでも年4兆ドルの資金が必要になると指摘した。

（国際連合広報センターホームページ，および外務省ホームページより）

1 地球温暖化

　2023年7月27日国連本部で，グテーレス国連事務総長は，「地球温暖化の時代は終わり，地球沸騰化の時代が到来した。」と記者団に語り，劇的かつ早急な気候アクションの必要性を訴えた。そこまで，地球温暖化の問題は「喫緊の課題」となってしまっている。

　18世紀半ばに始まった産業革命において，人類は新しく科学技術による工業文明をつくりだした。この産業革命は，17世紀における自然科学および技術の成立によって用意されたものであるが，科学技術はこれまでの人類の歴史を大きく変化させた。同時に自然環境の破壊が，科学技術の発展にともなって加速されたことはいうまでもない。

　地球の気候は大気中の二酸化炭素などの温室効果ガスで温暖化し，火山活動や工場排煙などからの微粒子，硫酸塩粒子（エーロゾル）で寒冷化する。太陽活動の変動も気候に影響する。

　20世紀は人間活動が爆発的に膨脹した世紀だった。19世紀に比して穀物生産は約7倍，鉄の生産やエネルギー消費は約15倍に増大した。16.5億人だった世界人口は，いまや80億人を超えたとされる（アメリカ国勢調査当局2023）。

　気候変動に関する政府間パネル（IPCC）の第1作業部会から第6次報告書が2021年8月に発表された。ここで，温暖化について，「人間の活動の影響によって大気，海洋，陸地が温暖化していることは疑う余地がない」と断言した。過去の報告書は，パーセンテージこそ違うものの，「人間の影響の可能性が高い」

という表現に留まっていたが，初めて「疑う余地がない」と断言したのである。

　地球の歴史をさかのぼってみれば，恐竜が栄えた中生代（およそ2億5,000万〜6,500万年前）の三畳紀〜白亜紀末，二酸化炭素濃度は現在の数倍ありきわめて温暖な気候であった。気温はその後，波を打つように上下に大きく変動してきた。

　今，なぜ温暖化が問題なのか，現在起こりつつある温暖化は，人間の活動によりもたらされるものであり，そのスピードがあまりにも速いからだ。

　将来，化石燃料に頼らない「脱炭素社会」への移行は不可欠である。それと同時に，資源を有効に使う循環型のシステムを確立し，しかも個人の安全・安心，そして幸福も損なわない総合的な視点で，文明を構築し，持続可能な社会を実現する必要がある。

　世界気象機関（WMO）は2023年1月，2015〜22年の世界の年平均気温は，観測開始以来，最も高い8年だったと発表した。中でも2016年の世界の平均気温は14.8度で，観測史上最も高かった。2013〜22年の10年間の平均気温は，産業革命前から1.14度上回った。WMOは2011〜20年の1.09度上昇と比べて0.05度上昇しており，「長期的な温暖化が続いていることを示す」と指摘した。

　東京大学気候システム研究センターなどのシミュレーションでは，30℃以上の真夏日の数は，現在の年60日前後から，今世紀後半には100日以上が常態化するという。最高気温も2071〜2100年の平均は，1971〜2000年より3.1〜4.1℃上がるとの予測もある。

　NASAは1880年からの気温の記録を持っており，それによると世界の平均気温は1970年代から10年ごとに0.2℃のペースで上昇しているという。

1-1　化石エネルギーの消費と温暖化

　2021年における世界のエネルギーの約82.3％は化石燃料でまかなわれている（「エネルギー白書2023」）。その割合は，石油31.0％，石炭26.9％，天然ガス24.4％，原子力8.6％，新エネルギー・再生可能エネルギー12.8％となっている。その結果，2020年の世界全体のCO_2排出量は314億tに達した。おもな国のCO_2排出割合は，中国32.1％，アメリカ13.6％，インド6.6％，ロシア4.9％，日本3.2％となっている。また，国民一人あたりの排出量は，カタール，アラ

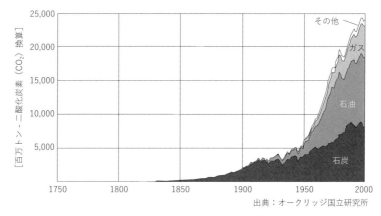

出典：オークリッジ国立研究所

図1-1　燃料別にみる世界の二酸化炭素排出量[1]

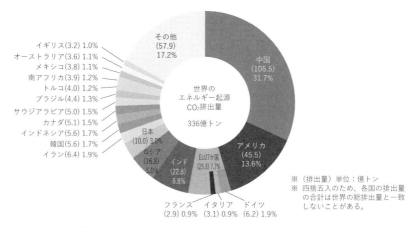

出典：国際エネルギー機関（IEA）「Greenhouse Gas Emissions from Energy」2023 EDITIONを基に環境省作成

図1-2　世界のエネルギー起源CO₂排出量（2021年）[2]

ブ首長国連邦，オーストラリア，サウジアラビア，カナダが上位を占め，これらは化石燃料産出国（石油，石炭，天然ガス）である。

　日本の温室効果ガス排出量（CO_2換算）は，環境省によると年11億7,000万 t（2021年）である。日本の一次エネルギー供給構成（2021年）は，資源エネルギー庁によると，石油36.7％，石炭25.4％，天然ガス21.5％，水力3.6％，原子力3.2％となっている。化石エネルギー依存度は83.2％と非常に高く，エネルギー自給率は12.1％と他国に比べてかなり低い。

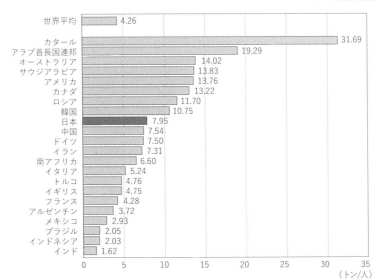

出典：国際エネルギー機関（IEA）「Greenhouse Gas Emissions from Energy」
2023 EDITION を基に環境省作成

図1-3　主な国別一人当たりエネルギー起源CO_2排出量（2021年）[2]

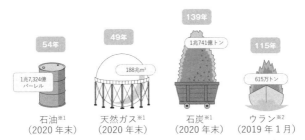

（注）可採年数＝確認可採埋蔵量/年間生産量
ウランの確認可採埋蔵量は費用130ドル/kgU 未満

図1-4　世界のエネルギー資源確認埋蔵量[3]

　化石エネルギーは資源として有限である。化石エネルギーは，生物が太陽エネルギーのわずか20億分の1を利用し，数億年かけて営々として作り上げてきたものである。われわれ人類は，この100年間に，蓄積速度の100万倍という早さでこれを消費し，使い果たそうとしている。いまのペースで消費していくと，今後利用できる年数（可採年数）は石油54年，天然ガス49年，石炭139年，ウラン115年という試算もある。

　化石燃料の消費による大気中の二酸化炭素の増加は，地球の温暖化をもたらす。温暖化の科学的予測には不確かさを伴っているが，過去100年間の気温の観測データは，地球が温暖化してきたことを確実に示している。

IPCC第6次報告書（2023年3月）　　IPCC（気候変動に関する政府間パネル）とは，世界の科学者が集い，最新の研究成果をもとに温暖化についてほぼ5年おきに評価報告書をまとめる国連の機関である。2007年には「人類が引き起こした気候変動に関する知識の普及に尽力した」との理由でノーベル平和賞を受賞した。3つの作業部会（①自然科学的根拠，②影響・適応・脆弱性，③気候変動の緩和）からなり，それぞれの部会が報告書を出した後で，横断的にとりまとめて長期的展望を加えた「統合報告書」が発表される。2023年3月に発表された第6次統合報告書では，世界各国の第一線の研究者が約800名参加した。第6次統合報告書のポイントは以下の通りである。

IPCC第6次統合報告書のポイント

・人間活動が主に温室効果ガスの排出を通して地球温暖化を引き起こしてきたことには疑う余地がなく，1850〜1900年を基準とした世界平均気温は2011〜2020年に1.1℃の温暖化に達した。

・大気，海洋，雪氷圏，及び生物圏に広範かつ急速な変化が起こっている。人為的な気候変動は，既に世界中の全ての地域において多くの気象と気候の極端現象に影響を及ぼしている。このことは，自然と人々に対し広範な悪影響，及び関連する損失と損害をもたらしている。

・2021年10月までに発表された「国が決定する貢献（NDCs）」によって示唆される2030年の世界全体のGHG排出量では，温暖化が21世紀の間に1.5℃を超える可能性が高く，温暖化を2℃より低く抑えることが更に困難になる可能性が高い。

・継続的な温室効果ガスの排出は更なる地球温暖化をもたらし，考慮されたシナリオ及びモデル化された経路において最良推定値が2040年（※多くのシナリオ及び経路では2030年代前半）までに1.5℃に到達する。

・将来変化の一部は不可避かつ／又は不可逆的だが，世界全体の温室効果ガスの大幅で急速かつ持続的な排出削減によって抑制しうる。

・地球温暖化の進行に伴い，損失と損害は増加し，より多くの人間と自然のシステムが適応の限界に達する。

> ・温暖化を 1.5℃ 又は 2℃ に抑制しうるかは，主に CO_2 排出正味ゼロを達成
> する時期までの累積炭素排出量と，この 10 年の温室効果ガス排出削減の
> 水準によって決まる。
> ・全ての人々にとって住みやすく持続可能な将来を確保するための機会の窓
> が急速に閉じている。この 10 年間に行う選択や実施する対策は，現在か
> ら数千年先まで影響を持つ。
> ・気候目標が達成されるためには，適応及び緩和の資金はともに何倍にも増
> 加させる必要があるだろう。
> ・温暖化を 1.5℃ 又は 2℃ に抑えるには，この 10 年間に全ての部門において
> 急速かつ大幅で，ほとんどの場合即時の温室効果ガスの排出削減が必要で
> あると予測される。世界の温室効果ガス排出量は，2020 年から遅くとも
> 2025 年までにピークを迎え，世界全体で CO_2 排出量正味ゼロは，1.5C に
> 抑える場合は 2050 年初頭，2℃ に抑える場合は 2070 年初頭に達成される
> （環境省ホームページ，「IPCC 第 6 次評価報告書（AR6）統合報告書（SYR）
> の概要」から抜粋）

　IPCC は，すでに 2018 年に「1.5℃特別報告書」を発表していて，産業革命
前に比べ 1.5℃ 以内の温度上昇におさえる重要性をここで示している（表 1-1）。
今回の第 6 次報告書では，その「1.5℃目標」を，さらに早急に達成すべきで，
それには「世界全体で CO_2 排出量正味ゼロ（カーボンニュートラル）を 2050
年初頭までに達成する必要がある」との認識を，改めて強く打ち出した。これ
には，温室効果ガスの排出量を，2030 年までに 43%，2035 年までに 60%削減
（2019 年比）の必要があるとした。

　また 1.5℃特別報告書で導入された概念である「カーボンバジェット」（地球
温暖化による気温上昇をある一定の数値に抑えようとした場合，その数値に達
するまでにあとどのくらい二酸化炭素を排出しても良いか，という「上限」）
も精査された。1850 年からの温度上昇を 1.5℃ 以内に抑えると仮定した場合，
カーボンバジェットは 2 兆 8,900 億トンであるのに対し，すでに 2020 年まで
に 2 兆 4,318 億トンが放出されていて，このペースだと 10 年ほどでカーボン
バジェットを超える計算になることを指摘した。つまり，「温暖化を 1.5℃ に抑
えるには，急速かつ大幅で，ほとんどの場合緊急に温室効果ガスの排出削減が
必要である」ということである。

　これを受けて，国連のグテーレス事務総長は「気候の時限爆弾は針を進めて

表 1-1　1.5℃および 2℃の地球温暖化で生じるリスクの予測

現象	1.5℃上昇の予測	2℃上昇の予測
極端な気温	・中緯度域の極端に暑い日が約3℃昇温する ・高緯度域の極端に寒い夜が約4.5℃昇温する。	・中緯度域の極端に暑い日が約4℃昇温する ・高緯度域の極端に寒い夜が約6℃昇温する。
干ばつの影響を受ける世界全体の都市人口	35.02±15.88 千万人	41.07±21.35 千万人
洪水による影響を受ける人口 (1976～2005 年基準)	100 ％増加	170 ％増加
永久凍土の融解	2℃ではなく 1.5℃に抑えることによって，150 万～250 万 km²の範囲の面積において永久凍土の融解を何世紀にもわたって防ぐ	
海面水位の上昇	2℃に比べて 1.5℃の地球温暖化においての方が約 0.1 m 低いと予測	
海氷の消失	少なくとも約 100 年に 1 度の可能性で，夏の北極海の海氷が消失	少なくとも約 10 年に 1 度の可能性で，夏の北極海の海氷が消失
サンゴ礁の消失	さらに 70～90 ％が減少	99 ％以上が消失
漁獲量の損失	世界全体の年間漁獲量が約 150 万 t 損失	世界全体の年間漁獲量が 300 万 t を超える損失
水ストレス	2℃にはなく 1.5℃に抑えることで，気候変動に起因する水ストレスの増加に曝される世界人口の割合を最大 50 ％まで抑えうるかもしれない	
貧困及び不利な条件の増大	2℃に比べて 1.5℃に地球温暖化を抑えることで，気候に関連するリスクに曝されるとともに貧困の影響を受けやすい人々の数を 2050 年までに最大数億人削減しうる	

いる」と述べ，各国に化石燃料の開発拡大を止めることと，先進国にカーボンニュートラルの目標を早急に達成するよう求めた。

1-2　温暖化のメカニズムと予測　－温暖化は何をもたらすか－

　地球大気の温度は，地球が太陽から受け取る日射エネルギーと，地球が宇宙に向かって放出する放射エネルギーのバランスによって決まる。太陽が放射した光は，大気中を通過することにより可視光線が主体となって地表に降り注ぎ，地球の表面（大地や海洋）を温める。温められた地表は，その熱を赤外線とし

て宇宙空間に放出して冷える。すべての物質は，その温度に応じた光（電磁波）を放射する。地球表面も例外ではない。

　このとき大気中に二酸化炭素（CO_2），メタン（CH_4），亜酸化窒素（N_2O）などの「温室効果ガス」と呼ばれる気体が存在すると，地表から放射された赤外線は，これらの気体に吸収されてエネルギーが蓄積される*。大気のおよその組成は，窒素が78.09%，酸素20.94%，アルゴン0.93%となっている。この約99.96%を占める3種の気体は，赤外線を吸収しないが，残りのわずか0.04%以下の温室効果ガスが赤外線を吸収する。蓄えられたエネルギーの一部は，宇宙空間へ放射されるが，一部は再び地表へ向かう。この結果，ちょうどわれわれがフトンや毛布を掛けると，体温が直接逃げず暖まるのと同じ効果を与える。この現象は，温室効果（greenhouse effect）と呼ばれる。結果として，地球の地表面の温度は，温室効果ガスがない場合に比べて高くなる。温室効果があるからこそ，地球全体の平均気温は約15℃となって，生物の生存できる温和な条件を作り出している。もし，温室効果ガスがないとすると，熱（赤外線）は直接宇宙空間に放射されて，地表の温度は実際の温度よりも34℃も低い，氷点下19℃となり，「氷の世界」となってしまう。

　さらにCO_2が増えると水蒸気も増えてしまい，二重三重に温暖化が進んで

---

*　大気による光の吸収は，大気成分であるいろいろな分子が光と相互作用することによって起こる。気体分子は，非常に速く飛び回っていると同時に，2原子分子以上の分子では，振動や回転運動をしている。分子の振動の振動数は，分子によって異なるが，およそ1秒間に10^{13}回（10^{13}Hz）である。この振動数は，ちょうど赤外線の振動数（周波数）に等しいため，分子の振動に共鳴して赤外線を吸収する。
　ただし，すべての分子が赤外線を吸収するわけではない。量子論によると，赤外線の吸収は，振動によって分子の双極子モーメントに変化が生じる場合に起こる。双極子モーメントに変化が生じ，赤外線を吸収する分子を赤外活性といい，吸収しない分子を赤外不活性にあるという。また，振動による双極子モーメントの変化の大きさは，赤外線の吸収の度合い（強度）となって表れる。
　たとえば，二酸化炭素分子の振動は，4種類（一つは縮退している）あって，そのうち，ν_1とν_2で示される振動は，双極子モーメントが変化するので赤外線を吸収する。ν_3の振動は，対称であるため双極子モーメントは変化せず，赤外線を吸収しない。

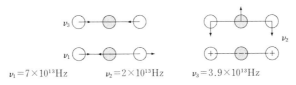

$$\nu_1 = 7 \times 10^{13} \text{Hz} \qquad \nu_2 = 2 \times 10^{13} \text{Hz} \qquad \nu_3 = 3.9 \times 10^{13} \text{Hz}$$

図 1-5　二酸化炭素（O＝C＝O）の基準振動

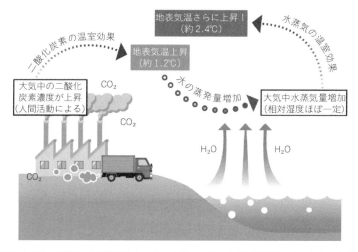

図1-6　CO$_2$の増加による温暖化と，それに伴う大気中の水蒸気量増加がもたらす効果[5]

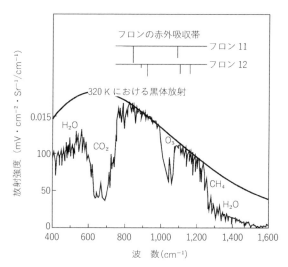

図1-7　人工衛星ニンバス4号により宇宙からみた地球放射
　　　　のスペクトル[6]（サハラ砂漠上空）

しまうのである。CO$_2$の増加によって，地球の気温が上昇し，海などから水が
蒸発し，大気中の水蒸気の量が増える。大気中の水蒸気の量が増えれば，それ
だけさらに温暖化が進んでしまう。ちなみに，水蒸気の温室効果は，CO$_2$に比

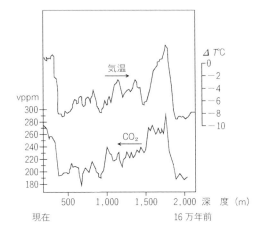

図1-8 南極ボストーク氷床コアの解析による過去16万年の気候[7]

べておよそ2.3倍程度もある。すると，気温があがるので，ますます水が蒸発し，水蒸気の量が増えてしまう。この悪循環を「水蒸気の正のフィードバック」と呼ぶ。このようなフィードバックによって温暖化が何倍にも増幅されそうだということになる。現在の大気の温室効果は約5割が水蒸気，2割がCO_2によるものといわれている。地球温暖化の予測で共通していることは，高緯度地方の冬の温度上昇が著しいのに対し，低緯度地方で比較的軽微となっていることである。いずれにしても，数千年の長い年月をかけて起こり，大規模な気候変動や植生の変化をもたらした最後の氷期から間氷期への変遷と同程度あるいはそれ以上の気温の変化が，この数十年の間に起こることを意味している。

地球は過去において，何回も気候が変動した歴史を持つ。新生代（最も新しい時代で，約6,500万年前から現在に至る）の気温の推移からは，人類が誕生したおよそ440万年前から平均気温が徐々に下がり始め，北半球の気温が10℃前後も下がった。この頃（少なくとも200万年前）から氷期と間氷期が約10万年の周期*で交互に訪れるようになった。

---

* この周期の説明の一つにミランコビッチの変動周期説がある。これは，気候変動の天文学的理論で，地球の軌道要素の変化が太陽からの日射量を変動させるという説である。

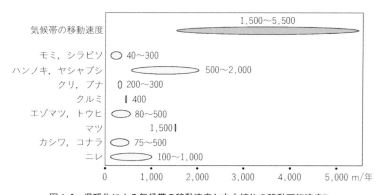

図 1-9　温暖化による気候帯の移動速度と木本植物の移動可能速度[8]
（気候帯の移動速度は年間 1,500～5,500 m であるので，移動速度
の遅いものほど絶滅の危険性が高い）

　過去 16 万年前にさかのぼった気候変動の様子は，グリーンランドや南極に
厚く堆積した氷床のサンプルを分析した結果から推定できる。（p.36 1-7 参照）
二酸化炭素の濃度変化と気温の変化との間にはよい相関関係があり，現在起こ
りつつある気温の変動が，過去に数千年かけて起こった大規模な気候変動と，
同程度となっている。

　生態系が，気温の変化に追従できる速度は 10 年当たり 0.1℃ が限界とされて
いる。現在生じている 100 年間に 1.5～5.8℃ という気温の上昇速度を，気候帯
の移動速度に直すと年間 1,500～5,500 m にもなる。一方，これに追従する植物
の移動可能速度は年平均 100～450 m とされている。植物によっては 40 m 以
下の種さえある。したがって，移動速度の遅い種ほど絶滅の危険性が高くなる。

　気温が 100 年間に 2℃ 以上あがれば，地域によって，乾燥化や異常気象など
が起こり，農作物の減収や生態系の破壊など，環境に致命的な打撃を与えるこ
とは必至である。現在でも環境の変化によって，世界中で毎日 100 種の生物が
絶滅しているといわれている。

　すべての動物は，植物が行う二酸化炭素と水と太陽からの光エネルギーに
よって行われる光合成で得られる有機物を生命の基本としていることは言うま
でもない。植物は，無機化合物の二酸化炭素を炭素源とし，光をエネルギー源
として生育に必要な有機化合物を合成する独立栄養生物であり，食物連鎖にお

ける生産者にあたる。一方，生育に必要な炭素を得るために有機化合物を利用する動物は従属栄養生物である。

$$n\mathrm{CO_2} \;+\; n\mathrm{H_2O} \xrightarrow[\text{光}]{h\nu} \overset{\text{有機物（バイオマス）}}{(\mathrm{HCHO})_n} \;+\; n\mathrm{O_2}$$

地球の生物種

　平成25年版環境・循環型社会・生物多様性白書によると，世界で確認されている生物の種の総数は約175万種であり，まだ知られていない生物も含めた地球上の総種数を500万〜3,000万種とすれば，6〜35％しか確認されておらず，世界の野生生物は依然として未知の部分が大きいと言える。国連で平成13〜17年に実施されたミレニアム生態系評価では化石から当時の絶滅のスピードを計算しており，100年間で100万種あたり10〜100種が絶滅していたとしている。過去100年間で記録のある哺乳類，鳥類，両生類で絶滅したと評価されたのは2万種中100種であり，これを100万種あたりの絶滅種数とすると5,000種となるため，過去と比較して絶滅のスピードが増していることが分かる。

　このように気温の上昇は生物多様性にとって想像以上に脅威である。

　IPCC がまとめた第5次報告書は，今世紀末の平均気温は20世紀末より最大4.8℃上昇すると予測した。2℃前後の上昇で最大30％の生物種が絶滅の危機に直面，さらに上がれば絶滅が地球規模に広がる恐れもあるという。

　生物多様性の危機には個体，種，生態系の三つのレベルがある。「個体」のレベルでは，1,300種のセキツイ動物について，1970年に比べて平均約30％も数が減った。減少のスピードは増している。「種」のレベルでは，哺乳類の20％，鳥類の10％，両生類の30％近くが絶滅の危機にある。一つの生物種が絶滅すれば，何百万，何千万年もの進化の結果が失われ，回復は不可能だ。「生態系」のレベルでは，種の最も豊かな熱帯・亜熱帯の森林が，いま急速に開発・

表 1-2　種の推定絶滅速度[8]

区　分	速度（種/年）
恐竜時代	0.001
1600〜1900年	0.25
1900年	1
1975年	1,000
2000年までの25年間平均	40,000

農地化され，大きく損なわれている。さらに，急激な温暖化に生態系が順応するのは難しい。

　野生生物に関する国際的な知見をたばねる国際自然保護連合（IUCN）では，絶滅の危機に瀕している世界の野生生物のリスト「IUCN レッドリスト」を作成している。2021 年 12 月に発表された改訂版では，40,084 種が絶滅の危機にあるとされた。

　生物多様性の保全のための国際条約として，名古屋議定書がある。2010 年 10 月に行われた生物多様性条約第 10 回締約国会議（COP 10）で採択され，2014 年 10 月に発効した。生物多様性保全のため，海外の植物や微生物など生物遺伝資源を使って医薬品などを開発した場合に得られた利益を提供国にも配分するための国際条約であり，提供国の事前同意や，資源の不正取得防止のための監視機関を設置することなどを定めた。

　国立環境研究所と農研機構などが参加した 8 ヵ国 20 の研究機関からなる国際研究チームは，将来の気候変動が世界の穀物収量に及ぼす影響について，IPCC 第 6 次報告書（第 1 作業部会）のデータをもとに最新の予測を行った（2021 年発表）。世界の穀物収量は気候変動の影響によって顕著に悪化し，特にトウモロコシ，ダイズの収量の大幅な悪化が予測された。今世紀末のトウモロコシの世界の平均収量は現在と比べ 24％低下，ダイズは 2 ％低下との結果になった。

　ロイズとケンブリッジ・リスク研究センターが 2023 年に発表した共同研究では，気候変動に伴う異常気象により農産物の不作や食品・飲料不足が増加すれば，今後 5 年で世界的に 5 兆ドルの経済損失が生じる可能性があるとの試算を示した。異常気象による世界経済への影響を想定した「全体的なリスクシナリオ」は仮説と強調した上で，損失の深刻度を 3 段階に分けて平均を算出。その結果，今後 5 年の損失が 5 兆ドルとなったが，範囲は 3 兆ドルから 17 兆 6,000 億ドルとなった。「世界経済は一段と複雑化し，全体的な脅威にますます脆弱になっている」と指摘している。

　すべての生物は誕生以来，何百，何千万年という気の遠くなるような歳月を費やし「環境に適応するように自身の体を合わせて進化」してきた。イギリスの生物学者ダーウィン（1809〜1882）は，環境に適応した生物が子孫を多く残し，その特徴が集団に広がるという「適者生存」を柱とする自然選択（自然淘

汰）説を首唱している（進化論）。

　人類もかつてはそうであったが，文明を持つようになってからは，「環境を自分に都合の良いように変化」させて現在にいたっている。

1-3 農耕文明の起こり
－ 1 万 3,000 年前に起きた気候変動が農耕文明を生んだ －

地球環境破壊は農耕文明の発達から始まったとよくいわれる。第四紀更新世，最終氷期（ウルム氷期）が終わりかけた約 1 万 3,000 年前，気候の著しい温暖化の過程にあった時期に急激な寒冷化が起こった。寒冷化は，およそ 1,400 年間続いた後再び温暖化が戻り，その後は今日まできわめて変動の少ない超安定期が続いている。この寒冷化の時期は，ヤンガー・ドリアス（Younger Dryas, 寒の戻りともいわれている）と呼ばれ，ほぼ世界中でその証拠が確認されている。

　旧石器時代末期のヤンガー・ドリアス期の気候の悪化は，それまで温暖・湿潤の中で狩猟採集によって生活してきた人類に重大な食糧危機をもたらした。人類はこのとき，大型の哺乳動物に代わる新たな食料として作物の栽培を始めた。農耕文明の起源には諸説あるが，氷期から後氷期への気候の激変の中で直面した食糧危機によって，やむにやまれず始まったとする説がある。

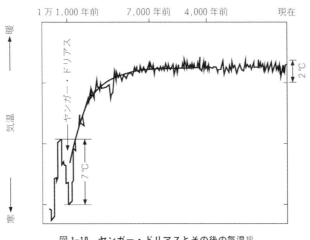

図 1-10　ヤンガー・ドリアスとその後の気温[10]
（Dansgaard らによる）

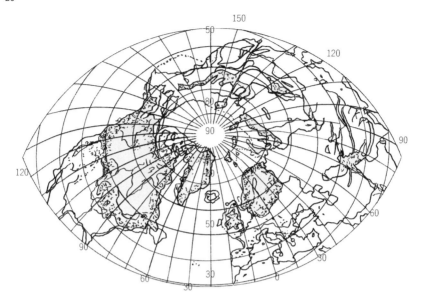

図 1-11　北半球における最終氷期の氷床の分布 (Daly, 1934)[11]

　では，なぜこのような気候の大変動が生じたのであろうか。寒の戻りは次のように説明されている。

　①　最終氷期の北半球にはいくつかの巨大な氷床が発達していた。北アメリカでは，ローレンタイド氷床と呼ばれる大氷床がハドソン湾を中心として，大陸の北部全体を覆うまで成長していた。

　②　その後，地球軌道要素の変動周期が重なり合って，地球が受ける日射量が増加し，気温と水温が上昇して大陸の氷床は融け始め海水準が急激に上昇していった。最終氷期の最寒冷時の海水準は，現在よりも 121 m も低かったことが知られている。

　③　温暖化が進行するにつれローレンタイド氷床も徐々に溶け始め，生じた融氷水は，現在のウィニペッグ湖，マニトバ湖一帯にアガシー湖と呼ばれる大氷河湖をつくった。たまった融氷水は，初期にはミシシッピー川を経て南のメキシコ湾に流れ出ていた。しかし，氷床が後退するにつれ，アガシー湖は，巨大化し，ついに水をせき止めていた氷床が決壊する。一気に溢れ出た水は，流れを大きく変え，今度はセントローレンス川に沿って直接北大西洋に流れた。

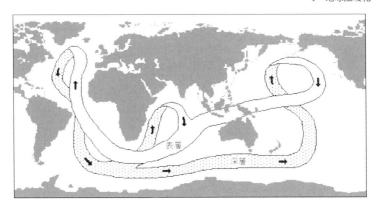

図 1-12　海洋の循環モデル[12]

　海洋の循環は地球の気候を安定なものにしている。(深層海流が地球の環境をさ
さえている) 深さ数百 m より深いところの海水は熱塩循環 (熱は海水温を，塩は
塩分濃度) のメカニズムで循環している。グリーンランド沖の低温で塩分濃度の高
い海水は，密度が大きいため沈みこんで深層流となり，およそ 2000 年で世界を一
回りする。(Broecker らによる)

　④　その結果，大量の淡水がいきなり北大西洋に一度に流れこんだため，メ
キシコ湾流を止める結果となった。

　⑤　南からの暖かく塩分濃度の高いメキシコ湾流は，北上して，冷たい大気
で冷やされる過程で，大量の熱を北大西洋に放出する。現在，北大西洋沿岸の
緯度が非常に高いのにもかからわず，比較的温暖なのはこのためである。

　⑥　通常は，熱を供給して冷やされた海水は，比重 (密度) が大きくなり，
やがて沈降して深層水となる。沈み込んだ海水は，2,000 年かけて地球を一周
する海水の大循環を作り，地球規模で気候を左右する。

　⑦　淡水の大量の流入は，海水の塩分濃度を低下させ，比重を小さくする。
その結果，海水の沈み込みが弱まり深層流の停滞が起こって海水の循環が止っ
た。この熱の供給の停止は一時的な寒冷化を起こす。こうして寒の戻りが生じ
たとされている。やがてこの戻りは氷床の消滅とともになくなった。

　人類は 1 万 3,000 年前に農耕を開始し，地球上の支配者になる基礎をつくっ
た。5,000 年前には，都市文明を誕生させ，その後，18 世紀の産業革命によって，
地球をわがものにした人類中心の繁栄は，1 万年前から続いているとても安定

した気候に支えられている。

1-4　温暖化防止の世界的な取り組みの流れ

　1992年に，世界は大気中の温室効果ガスの濃度を安定化させることを究極の目標とする「気候変動に関する国際連合枠組条約（以下「国連気候変動枠組条約」とする）を採択し，地球温暖化対策に世界全体で取り組んでいくことに合意した。同条約に基づき，1995年から毎年，気候変動枠組条約締約国会議（COP）が開催されている。1997年，京都で開催されたCOP 3では，新たな全世界的な温室効果ガス排出削減を目指した国際条約である「京都議定書」が採択された。京都議定書は，先進国全体が，2008年から12年にかけて温室効果ガスの総排出量を1990年（基準年）比5％以上削減する，という目標を掲げたものである。

　ただし，削減率が国によって大きく異なること，途上国は削減の義務を免除されたことなどの数々の問題を含み，加えて当時の世界最大排出国アメリカが2001年3月に離脱を決定したことなどから，発効が危ぶまれた。しかし，最後にロシアが批准したことによって，発効要件の「批准国の1990年における排出量合計が先進国全体の55％以上」を満たし，採択から6年以上経た2004年11月に，ようやく発効にこぎつけた。

　ところが，京都議定書の第一約束期間である2008年〜2012年において，世界の温室効果ガスの排出の流れが，基準年の1990年に比べて大きく変わった。まず，京都議定書では「途上国」に属する中国・インドの排出量が激増した。特に，中国は2007年に温室効果ガス排出量が世界1位となった。これらの国が京都議定書では，排出削減の義務を負わないので，不平等な状況が生まれた。その結果，第一約束期間終了時（2012年）に開催されたCOP 18では，京都議定書の8年間延長が決定したが，日本やロシア，カナダが離脱し，先進国の批准国で残ったのはEUくらいで，京都議定書は完全に形骸化した。ただし，初めて世界的に温室効果ガスの削減目標を掲げた京都議定書は，「世界的な低炭素化への初めの第一歩」という点で，その意義と存在は極めて大きい役割を果たしたといえよう。

　そのような状況下で，京都議定書に代わる，新しい「温室効果ガス削減の世

界的な枠組み」を模索する動きが始まった。2014 年の COP 20 では，先進国だけでなく途上国も含めた全世界的な「2020 年以降の温室効果ガス削減の新しい枠組み」をつくることで合意した。合意文書中に，「共通だが差異ある責任」という言葉を盛り込み，世界各国が自主的に削減目標を提出することが決まった。これとほぼ時期を同じくして，アメリカと中国がそれぞれ独自に自国の温室効果ガス削減目標を打ち出した。

　この大きな流れを受けて，2015 年の COP 21（気候変動パリ会議）では，2020 年以降の地球温暖化対策の国際的枠組み「パリ協定」が採択された。この合意に至る最大の論点は，途上国が要求した「温暖化の被害対策のための資金支援」を盛り込むかどうかであったが，パリ協定では金額こそ明示しなかったものの「先進国の拠出の義務化」は明言され，別の決議文書で「年一千億ドルを最低額とする」ことが盛り込まれ，さらに今後は被害の度合いに応じて新たな数値目標を設定することになった。

　また，京都議定書では「失敗」に終わった各国の数値目標はなくなり，各国が独自に削減目標を国連に提出し，その目標に対してレビュー（査読）が COP で行われて，削減目標の妥当性をチェックされることになった。あわせて，5 年ごとに各国はそれぞれ削減目標を提出しなおし，その際は「前の目標よりもより厳しい目標を提出する」ことになった。この 2 つのシステムで，数値目標がない分，一見「甘く」見える削減対策が，「非常にシビアな」状況になり，「今世紀末に，産業革命前からの地球の平均気温上昇を 2℃ 未満に抑える」という大きな目標を達成するための土台が出来上がった。

　これらを総観すると，パリ協定は京都議定書の「失敗」を随所で補って，京都議定書よりも「より守りやすく」「よりシビアに」なっていることがわかる。京都議定書の最大の失敗点は，「途上国と先進国の住み分け」「それぞれの国に削減の数値目標を割り当てた」の 2 点にある。パリ協定では，「途上国と先進国」を問わず「すべての国」が削減義務を負うこととし，それぞれの国に削減目標を任せる代わりに，「レビュー」という手法で「縛りをかけた」のである。ただ，最後まで途上国側が譲らなかった「途上国への支援」の文言は盛り込まれ，その代わりに「金額」は法的拘束力のあるパリ協定そのものに盛り込まず，別途「決議文書」に盛り込まれるという形で，先進国と途上国の双方が納得する形

をとった。

　さらに，パリ協定の掲げた「理想」は非常に高いものがある。世界全体の目標として，「気候変動による深刻な被害を避けるために，地球の平均気温上昇を産業革命前に比べて2℃未満に抑え，さらに1.5℃未満に向かって努力すること」という点である（COP 26では「1.5℃未満」に修正された）。これは完全にIPCC第5次報告書，1.5℃特別報告書を意識したものであるが，極めて厳しい目標である。これを達成するために掲げたのは，「今世紀末には温室効果ガスの排出を実質ゼロにする」ということである。世界のすべての国が厳しい態度で温室効果ガス削減に向き合わないと達成できない目標である。このような「厳しい目標」を世界全体で「共有」することができたことは，極めて大きい意義があるといえる。

パリ協定のポイント

・目標

　産業革命前からの気温上昇を2℃未満にする。できれば1.5℃未満に抑えるように努力する。これを達成するためには，温室効果ガスの排出削減をできる限り早く実行し，今世紀末には実質的な排出をゼロにする（森林などの吸収量と人為的な排出がほぼ等しい状態にする）。

・各国の温室効果ガス排出削減の目標

　先進国・途上国を問わず，すべての国が温室効果ガスの排出削減の義務を負う。それぞれの国が独自に「総量削減目標」を設定し，国連に提出する。この目標は5年ごとに提出する。この取り組みはレビューを受ける。次の5年後に提出する「総量削減目標」は，前に提出した目標よりも，より厳しいものでなければならない。最初の評価を2023年に行う。

・途上国支援

　先進国は，途上国に支援資金を拠出しなければならない（ただし，金額はパリ協定では明記しない）。

・地球温暖化への被害対策

　温暖化の被害を軽減するために，世界全体で目標を設定する。温暖化による被害（異常気象，海面上昇など）を救済・対処する重要性を認識する。

・手続き・発効要件

　55か国以上が批准し，批准国の合計排出量が世界全体の排出量の55％を超えてから30日後に発効する。

　京都議定書は，アメリカの離脱などもあって，採択から6年以上もかかって発効にこぎつけた。しかし，パリ協定では，採択からわずか9か月後の2016年9月3日に開催された米中首脳会談で，米中がそろって批准するという，驚くべきことが起こった。オバマ大統領（当時）は，「いつの日か，地球を救った日だと思い起こされることになるだろう」と述べ，習近平国家主席は，「中国は最大の発展途上国であり，米国は最大の先進国。両国は地球規模の問題に共同で対応する決意を示した」「クリーンな循環型社会を進め，省エネや環境保護を堅持するのは中国の国策だ」と述べた。米中双方の微妙な利害が一致した結果とはいえ，極めて画期的な出来事であり，世界に与えたインパクトはとてつもなく大きかった。このときの国連の潘基文事務総長は，「かつては不可能と思われたことが，今や止められなくなった」と強い歓迎の声明を発表した。この声明の通り，米中が揃って大きな脱炭素化の流れに向かう，ということは，かつては考えられなかったのが，今やその方向に大きく流れを作ったのである。

　この米中両者同時批准を受けて，他国も堰を切ったように批准し，採択から発効まで6年以上かかった京都議定書に比べて，採択からわずか11カ月という驚異的なスピードで，2016年11月4日にパリ協定は発効となった。

　2018年に開催されたCOP 24では，パリ協定運営のためのルールブック「パリ協定ワークプログラム」を含む包括決議案「カトヴィツェ気候パッケージ」を採択した（表1-4）。先進国も途上国も同じルールで運用されることが決まった一方，途上国には緩い報告基準も例外的に容認した。

　IPCC 1.5℃特別報告書を受け，各国はそれまでの温室効果ガス排出削減目標を大幅に見直し，「2050年までに温室効果ガスの実質排出ゼロ（カーボンニュートラル）」へと方向転換した。この「カーボンニュートラル」とは，「人間の活動による（＝人為的な）温室効果ガスの排出量と，森林吸収分などによる吸収量が釣り合った状態にし，温室効果ガスの排出を「実質ゼロ」にする」というものである。いち早く2019年にEUが，「2050年までにカーボンニュートラル」を打ち出し，その後他の国も追随して，今や123カ国・1地域（2020年12月現在）が2050年カーボンニュートラルを宣言した。日本も，2020年10月に菅首相（当時）が宣言をした。

　国連環境計画が2022年11月に発表した報告書では，2021年に開催された

表 1-3　地球温暖化防止の枠組みをめぐる交渉の経緯

1992 年　5 月	気候変動枠組条約　採択
1994 年　3 月	気候変動枠組条約　発効
1995 年　3 月	第 1 回気候変動枠組条約締約国会議（COP 1）
1997 年 12 月	第 3 回締約国会議（COP 3）にて「京都議定書」を採択
2001 年　3 月	アメリカ，京都議定書から離脱
2004 年 10 月	ロシア下院，京都議定書批准法案を可決
2005 年　2 月	京都議定書発効
2009 年 12 月	COP 15（コペンハーゲン）開催，途上国と先進国の対立が激しく京都議定書に代わる「ポスト京都議定書」の採択に失敗
2011 年 12 月	カナダ，京都議定書から離脱
2011 年 12 月	COP 17（ダーバン）開催，米中含め，2020 年に温暖化対策の新枠組み発効で合意
2012 年 12 月	COP 18（カタール）開催，京都議定書 8 年延長を採択，日本ロシアは離脱を表明
2014 年 11 月	米中が同時に温室効果ガス削減の新目標をそれぞれ打ち出し合意
2014 年 12 月	COP 20（ペルー）開催，次の COP 21 で温室効果ガス削減の新たな国際枠組みをつくることで合意
2015 年 12 月	COP 21 開催，先進国，途上国を問わずすべての国が参加する新しい温室効果ガス削減の国際的枠組み「パリ協定」採択
2016 年　9 月	米中がそろってパリ協定批准
2016 年 10 月	インド・EU がパリ協定批准し，パリ協定発効条件を満たす
2016 年 11 月	パリ協定発効

表 1-4　パリ協定ルールブックの主な内容

項目	主な内容
NDC（国別目標）への指針	先進国，途上国の区別なく，どの締約国も各国の目標に関する情報を提出する義務があり，アカウンティングのルールに従い説明する義務がある（第 1 回提出（2020 年）は任意，第 2 回提出（2025 年）とその後の提出に適用）。
透明性	先進国と途上国の区別のない一つの枠組みで運用（ただし，能力に欠く途上国のみ柔軟性が与えられる）。 隔年で NDC（各国が決めた貢献）の実施と達成の進捗を追跡するのに必要な情報（隔年透明報告書）の提出。 専門家審査を行う（基本は，集中審査か書面審査） 審査は，政治的判断などは除外し，あくまで NDC の実施と達成の検討，情報の一貫性などを中心に行う。
グローバル・ストックテイク （進捗確認）	パリ協定の目的とその長期目標の達成に向けた集団的な進捗を評価するために，実施の全体評価を行う。 「情報収集と準備」「技術的評価」「アウトプットの検討」という三つの要素で行う。
市場メカニズム	先送り

表1-5　主要国の温室効果ガス削減目標

	中間目標	長期目標
EU	2030年までに55％削減（1990年比）	2050年にカーボンニュートラル
イギリス	2030年までに68％削減（1990年比）	2050年までに100％削減（1990年比）
中国	2030年までに排出量を削減に転じさせる	2060年にカーボンニュートラル
日本	2030年までに46％削減（2013年比）	2050年にカーボンニュートラル
アメリカ	2030年までに50-52％削減（2005年比）	2050年までにカーボンニュートラル

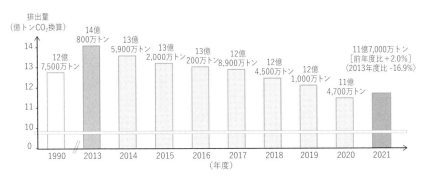

図1-13　我が国の温室効果ガス排出量（2021年度確報値）

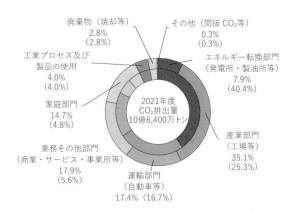

図1-14　日本の二酸化炭素排出量の内訳（2021年）[13]

注　内側の円は電気・熱配分前の排出量の割合（下段カッコ内），外側の円は電気・熱配分後の排出量の割合

COP 26 以降の NDC（国別削減目標）では，2030 年の温室効果ガス予測排出量の 1％未満しか削減されない，との計算結果を発表した。これは 5 億トンの二酸化炭素に相当するに過ぎず，排出量を 45％削減しない限り，温暖化を 1.5℃に抑えることができないことを示唆している。さらに IPCC 第 6 次報告書では，現状のままだと今世紀末には気温の上昇幅が 3.2℃に達するとした。これだけ世界が脱炭素化に前進にしたにもかかわらず，現況は非常に厳しいのである。

温暖化防止対策

1．温室効果ガスの排出抑制
　a）エネルギー効率を高め省エネを図る，b）エネルギー消費量を減らす，
　c）生活様式を変える，d）二酸化炭素の排出量の少ない燃料への転換，
　e）二酸化炭素以外の温室効果ガスの排出抑制，f）化石燃料採掘技術の向上，
　g）永久凍土の保全，h）水田耕作と畜産技術の向上
2．二酸化炭素の固定と貯蔵
　a）森林の保全と植林の増強，b）二酸化炭素の帯水層への貯留（CCS）
3．温暖化への適応の拡大
　a）農作物の品種改良，b）堤防，灌漑技術の確立，c）温暖化対策の前提としてのモニタリング技術の開発と観測システムの整備
4．技術革新による省エネ，代替エネルギーなど
　a）自然エネルギーの利用
　　イ．太陽エネルギー，ロ．地熱発電，ハ．風力発電，ニ．太陽光発電
　b）原子力エネルギーの利用，c）燃料電池などエネルギー効率の高い発電，
　d）コジェネレーション・コンバインドサイクルの導入，e）送変電および電力貯蔵技術（二次電池を含む）の開発，f）二酸化炭素の回収技術の確立，
　g）メタンハイドレート，シェールガスの採掘・利用
5．バイオマスエネルギーの利用拡大
6．リサイクルの促進
7．炭素税などの導入
8．その他，ごみの再利用など

途上国の「被害と損失」　　国連環境計画は，2014 年 12 月に，途上国が干ばつや洪水，海面上昇など地球温暖化に伴う被害を抑えるための「適応策」にかかるコストは，2050 年までに年間 2,500〜5,000 億ドルに達する恐れがある，という試算を公表した。これに，温暖化に対する「損失額」をあわせると膨大な金額となる。

　これに対し，先進国は，2009 年に途上国が温室効果ガスの排出を抑制し気候変動に適応できるよう，2020 年まで年間 1,000 億ドル（約 10 兆円）の資金援助を行うことで合意した。しかし，実際に先進国により調達・提供された気候資金は，2019 年時点で 796 億ドルにとどまり，「2020 年に 1,000 億ドル」の目標に達することはできなかった。途上国の「損失」は深刻なものがあり，例えば 2022 年夏に起きたパキスタンの大洪水では，世界銀行の試算ではその被害額は約 400 億ドルに上るとみられる。これは，気候変動が，貧しい国をさらに貧しくする，という悪循環に追い込んでいる状況の一端である。

　2022 年に開催された COP 27 では，この「損失と被害」が最大の論点となり，気候変動に伴う「損失と被害」の途上国支援に特化した新しい基金を創設することで合意した。

1-5　温暖化の防止対策

各国の対策　2020 年に発表された脱炭素化対策を表 1-6 に示す。いち早く発表したのが EU で，2020 年 1 月には今後 10 年間で 1 兆 €（ユーロ）を温暖化防止対策に投資する計画を発表し，7 月には EU 委員会で合意した。新型コロナウイルス感染による経済の落ち込みを取り戻すため，特にこの 7 年間に 7,500 億 € を投入し，「グリーンリカバリー（緑の復興）」と名打った経済復興策を打ち出した。これは，これまでの大量生産・大量消費・大量廃棄型の経済に復興するのではなく，コロナ禍の苦境を逆バネにして，脱炭素で循環型の社会を目指すための投資を行うことで復興しようという経済刺激策である。EU のグリーンリカバリーには，「2050 年に温室効果ガスの排出を実質ゼロ，2030 年に 90 年比で 50〜55％削減」という，パリ協定に沿った目標の引き上げが組み込まれることになった。

　一方，アメリカは，バイデン大統領が選挙公約として，「4 年間で，脱炭素分野に 2 兆ドルを投資する」と打ち出した。これは「バイデン版グリーンニューディール政策」ともいわれ，オバマ元大統領時代のものよりもさらに強いものである。アメリカの脱炭素政策を経済再生の重要な政策として位置付け，「2050 年までに温室効果ガスの排出ゼロをめざす」ために，4 年間で 2 兆ドルの大型投資を表明した。特に，発電所については 2035 年までに温室効果ガス排出を

表 1-6　2020 年に発表された各国の地球温暖化防止対策[14]

EU	10 年間で官民 1 兆€（120 兆円）の「グリーンディール」投資計画。うち，7 年間の EU 予算で，総事業費 5,500 億€（70 兆円）を「グリーンリカバリー」に。復興基金で，総事業費 2,775 億€（35 兆円）をグリーン分野に投入。
ドイツ	500 億€（6 兆円）の先端技術支援による景気刺激策のうち，水素関連技術に 70 億€（0.8 兆円），充電インフラに 25 億€（0.3 兆円），グリーン技術開発（エネルギーシステム，自動車，水素）に 93 億€（1 兆円）。これらの大半の予算は 2 年で執行見込み。
フランス	2 年間で，クリーンエネルギーやインフラ等のエコロジー対策に，総事業費 300 億€（3.6 兆円）。（うち，グリーン技術開発（水素，バイオ，航空等）に 85.8 億€（1 兆円）），建築のエネルギー利用向上（公共建築，社宅等の断熱工事推進等）に 67 億€（0.8 兆円）)
韓国	5 年間で，再エネ拡大，EV 普及，スマート都市等のグリーン分野に政府支出 42.7 兆ウォン（3.8 兆円）。（総事業費 73.4 兆ウォン（7 兆円），雇用創出：65.9 万人)
アメリカ	4 年間で，EV 普及，建築のグリーン化，エネルギー技術開発等の脱炭素化分野に 2 兆ドル（200 兆円）の投資を，バイデン大統領が公約。
イギリス	2030 年までに，政府支出：120 億€（1.7 兆円），誘発される民間投資：420 億€（5.8 兆円）。これにより創出雇用 25 万人，CO_2 削減効果：累積 1.8 億トン。10 分野に投資（洋上風力，水素，原子力，EV，公共交通，航空・海上交通，建築物，CCUS，自然保護，ファイナンス・イノベーション)
日本	2023 年 5 月に「GX 推進法」「GX 脱炭素電源法」を可決。GX 経済移行債を活用した先行投資支援（今後 20 年間で 20 兆円の投資)・カーボンプライシング（CP）制度を導入し，化石燃料輸入会社から賦課金を徴収・2033 年度から二酸化炭素の排出枠を電力会社から有償で買い取る「排出量取引」を導入・地域と共生した再エネの最大限の導入促進・安全確保を大前提とした原子力の活用・廃炉の推進

ゼロとするほか，EV（電気自動車）の生産・購入を後押しするための税制優遇や 50 万カ所の充電スタンドの設置などによって，EV 関連で少なくとも 100 万人の新規雇用を創出するとしている。

　中国も 2020 年に発表した「第 14 次五カ年計画」では，「グリーン成長」にかなり力点を置いている。現行の EV 普及，石炭火力発電の廃止を軸に成長戦略を練っている模様である。

　日本は，2023 年 5 月に「GX 推進法」「GX 脱炭素電源法」を可決した。GX は「グリーン・トランスフォーメーション」の略である。「GX 経済移行債」を 10 年間で 20 兆円発行してクリーンエネルギーへの移行を促し，その財源として国 CO_2 排出に課金して削減を促す「カーボンプラシング」の導入などが盛り込まれた。また，「地域と共生した再エネの最大限の導入促進」として送電網の整備や，太陽光発電の新しい買取制度の新設なども定められた。その一方，「安全確保を大前提とした原子力の活用・廃炉の推進」として，原発は事

実上 60 年を超える運転を容認するなども盛り込まれた。

ESG 投資　このような地球温暖化対策が大きく前進した背景の一つに「ESG 投資」というものがある。「Environmental（環境）」「Social（社会）」「Governance（企業統治）」の頭文字を取った造語である。2006 年に国連が「国連責任投資原則」を提唱した中で，出てきたものである。機関投資家も関わりながら作成されたものであるが，「持続可能な社会づくりのために，投資家が投資先を選定する際には，環境（E）・社会（S）・企業統治（G）の要素を考慮して投資先を決めるべきである」と提唱されたものである。2018 年には，この原則に 1,900 社以上が署名し，もはや国も企業も無視できないものとなった。つまり，環境を無視した企業には，世界から投資されない流れができた。それゆえ，世界各国や世界中の企業が「温暖化対策」を打ち出さざる得ない状況になった。世界の ESG 投資額が 2020 年に 35.3 兆ドルに達しているのである。

　2021 年 11 月に開催された COP 26 では，「石炭火力発電の段階的削減」と「非効率な化石燃料補助金の段階的廃止」が合意された。これによって，今まで以上に，石炭火力を行っている企業には，投資の目が向けられなくなることになる。特に日本は，電源の 32% を石炭火力に頼っており，その脱却に向けていかないと，世界から投資されなくなる国となってしまう。

電気自動車（EV）　EU は CO_2 排出削減に向けて，2021 年までに欧州で販売する自動車のメーカー平均で走行 1 キロメートルあたりの CO_2 排出量を 95 グラム以下に抑える，という厳しい規制を 2018 年に打ち出した。この EU の規制は 15 年基準より 27% 低い水準である。さらに，ペナルティもあり，1 グラム超過するごとに販売 1 台あたり 95 ユーロの罰金を払わなければならない。さらに EU は，2019 年 3 月に，新車の乗用車の CO_2 排出量を 2030 年までに 21 年目標比で 37.5% 削減することに決めた。これでは，ハイブリッド車だけでクリアすることは難しく，電気自動車普及へ大きく舵をきったことになる。2022 年の世界の電気自動車の販売台数は 1020 万台で，総台数は 2600 万台に達し，2021 年と比較して 60% も増加した。市場 1 位の中国は，2022 年の電気自動車販売台数が 590 万台と世界の約 60% を占めている。電気自動車の総台数は 1380 万台で，世界にある電

気自動車のうち，半分以上が中国にあるということになる。第2位の市場はヨーロッパで，2022年の電気自動車販売台数は260万台と世界の約25％を占めている。電気自動車の総台数は780万台で，世界の30％の電気自動車はヨーロッパにある。世界の新車販売台数に占める電気自動車の比率は，2022年時点で14％。2020年以降の伸び率が大きく，2020年は4.2%，2021年には9％，2022年には14%と上昇を続けている。2030年までに新車販売台数の30％がEVになるというシナリオに沿った場合，同年には世界のEV普及台数は2億5,000万台を超え（二輪・三輪車を除く），電力部門の脱炭素化も進むという前提では，内燃機関を動力源とする車よりも温室効果ガスを5億4,000万t（CO_2換算）減らすことも可能だと分析する。

　さらに，オランダやノルウェーは2025年までに，EU全域とイギリス，アメリカのカリフォルニア州とニューヨーク州は2035年までに，ガソリン車，ディーゼル車の新車販売を禁止にする方針を打ち出した（これらの規制には「ガソリン車」としてハイブリッド車（HV）も含まれる）。中国も，2035年までに，新車販売をEV（PHVと水素自動車も含まれる）かHVのみとすることを打ち出した。

　ここまで各国が急激にEVシフトに転じることができるようになった最大の理由は，バッテリーであるリチウムイオン電池の性能の向上と低コスト化である。エネルギー密度はこの5年間でおよそ6倍に，また逆にバッテリーコストは5分の1に低下した。さらに，今後全固体電池が開発されたら，自動車業界は，完全にEVが席巻することになるのは必定である。すでに現段階で，EUでは「電気自動車・風力発電」のコストは，化石燃料と同等になっているとの試算もある。

　EV普及の牽引車は中国であった。2013年から2017年間のわずか5年間で，中国は，EV保有台数の世界シェアを6％から4割前後まで拡大させた。ただ，技術面で未熟な中小メーカーが質の悪いEVを市場に出したのと，中国政府が補助金を抑えたため，2019年後半から減速し，代わりにアメリカ・テスラ社が大幅に販売台数を伸ばした。しかし，ここにきて中国のBYDが巻き返しを図っている。2023年10〜12月期のEVの新車販売台数で，中国BYDが52万6,409台となり，テスラの48万4,507台を上回り，四半期ベースでBYDは

初めて世界首位となった。ただし，2023 年年間ベースではテスラが首位を維持している（BYD：157 万 4,822 台，テスラ：180 万 8,581 台）。

　一方，リチウムイオン電池の開発でノーベル化学賞を 2019 年に受賞した吉野彰博士は，「2025 年以降は AIEV（人工知能が運転する無人自動運転の電気自動車）がマイカーにとって代わる」と予言した。EV に AI（人工知能）を搭載して活用させることで，マイカー削減，交通事故・渋滞の激減，高齢化・過疎地域における新交通機能，巨大蓄電システムの自動構築など幅広い切り口での社会的メリットを実現する，というものである。さらにカーシェアリング（自動車共有）も組み合わせることで，マイカーの激減と車のゼロエミッション化で地球環境へ貢献するほか，個人的な車保有における大幅な価格破壊（個人における車の保有コストは 7 分の 1 に下げられる）を実現する，としている。

1-6　炭素循環

　地球上の炭素は，大気中の二酸化炭素，陸上の生物体や土壌中の有機物，海水や河川・湖沼に溶けている二酸化炭素や有機物および粒子状の有機物，石灰質の岩石や堆積物，化石燃料など，様々な場所で様々な形として存在している。大気，陸上（森林・土壌・河川および湖沼など），海洋，地圏（岩石や堆積物）をそれぞれ炭素の貯蔵庫とみなし，炭素がこれらの貯蔵庫間を交換・移動することにより形成される循環を「炭素循環」と呼ぶ。

　産業革命以前の炭素循環（最終氷期が終了した約 1 万年前以降〜1850 年まで）は，大気中の二酸化炭素濃度の変化は 20 ppm 程度と非常に小さく，その変化速度もゆっくりとしたものであった。陸上では，森林の光合成により大気中の二酸化炭素が有機物として取り込まれるとともに，有機物が土壌から河川へと流れ出し，海洋や湖沼を通じて大気へと放出されて均衡が保たれていた。海洋では，河川を通じて 1 年あたり約 9 億トンの炭素が流れ込むとともに，2 億トンの炭素が堆積物として沈殿し，7 億トンが大気中へ二酸化炭素として放出されることにより均衡が保たれていた。

　ところが，産業革命以降では，工業化の進展に伴い，多くの二酸化炭素が大気中へ排出されるようになった。IPCC 第 6 次評価報告書によると，化石燃料の燃焼及びセメント製造により排出される二酸化炭素と，農地拡大等による土

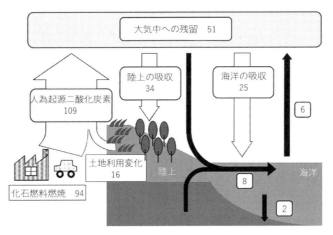

図 1-15　人為起源炭素収支の模式図（2010年代）[15]

　IPCC 第 6 次報告書をもとに作成。各数値は炭素重量に換算したもので，黒の矢印および数値は産業革命前の状態を，白抜きの矢印および数値は産業活動に伴い変化した量を表している。2010〜2019年の平均値（億トン炭素）を 1 年あたりの値で表している。

地利用変化（森林破壊）により排出される二酸化炭素（これらをあわせて人為起源二酸化炭素と呼ぶ）は，2010 年代の平均では 1 年あたりおよそ 109 億トン炭素の人為起源二酸化炭素が排出されており，産業革命以降の積算では 6,850 億トン炭素に上る。

　そして，この大気中の二酸化炭素濃度の上昇に伴い，陸上では，森林の光合成活動が活発になり，より多くの二酸化炭素を吸収するようになった。産業革命以前に比べ，1 年あたり 19 億トン炭素（2010 年代平均）吸収量が増加し，森林や土壌に蓄積されている。

　また，海洋が大気から二酸化炭素を吸収する量は，産業革命前からの増加量でおよそ 25 億トン炭素（2010 年代平均）とされている。この吸収された二酸化炭素は，海洋の循環に伴い，より深い海へと運ばれていく。表層では，植物プランクトンの光合成によって二酸化炭素が有機物として取り込まれ，これら生物の死骸や排泄物が沈降・分解し，海洋内部へと運ばれる。海洋の生物によって炭素が海洋内部へと運ばれるこの働きは，「生物ポンプ」と呼ばれ，産業革命以降，2010 年代までにおよそ 1,700 億トン炭素が海洋中に蓄積されている。

　このように，人為起源二酸化炭素は，大気中に排出されたのち，海洋や陸上の吸収源に吸収されるが，残りは大気中にとどまる。大気中に蓄積された二酸化炭素は，温室効果を増大させ，地球温暖化を引き起こし，その一方で，海洋では二酸化炭素の吸収よって pH が低下し，海洋酸性化が進行している。

CO_2 濃度と海水の酸性度　　大気中の CO_2 濃度が増えると，海水に溶ける CO_2 の量も増える。CO_2 は水に溶けると酸として働くから，海水の酸性度が強まり，生態系に影響を与える。現在の海水の表面は平均で約 pH 8.1 の弱塩基性となっており，18 世紀後半に始まった産業革命以前と比べると，pH は 0.1 低下したと推定されている。IPCC は，2100 年に大気中の CO_2 濃度が仮に今の倍になると，pH は 7.8 まで下がると予測している。pH が下がると，わずかな変化でも貝やサンゴなどは殻や骨格を作りにくくなる。特に海洋酸性化の影響を受けやすいのは，殻や骨格をつくり始める「幼生」の時期だ。

　海水の酸性化は，海の食物連鎖に支障を来しかねず，漁業に悪い影響をもたらす可能性があるという。

1-7　厚い氷は，過去数十万年の気候が詰まったタイムカプセル

過去の気温はどのようにして知ることができるか　　酸素の安定同位体（^{16}O，^{17}O，^{18}O）は，自然界においてほぼ一定の割合で存在する。同位体とは，原子番号が等しく，質量数の異なる元素をいい，同位元素ともいわれる。たとえば，酸素の同位体存在比は，次のようになっている。

$$^{16}O : {}^{17}O : {}^{18}O = 99.7588 : 0.0373 : 0.2039$$

酸素には質量数の異なる 3 種があるので，水 H_2O にも質量数の異なる 3 種類の水が存在することになる。水が蒸発するときを考えると，^{16}O でできている水は最も軽いので早く蒸発し，重い ^{17}O と ^{18}O からできている水は，ゆっくりと蒸発する。したがって，蒸発せずに残った水の中の重い水の濃度（割合）は次第に大きくなる。このような過程は，自然界でも起こっており，寒冷な気候の時ほど，蒸発した水蒸気の中には，軽い同位体でできた水の割合が増える。そこで，酸素同位対比（$^{18}O/^{16}O = 2.04393 \times 10^{-3}$）からの変動を測定すれば原理

的に，そのときの気温が推測できる。

　南極やグリーンランドに降り積もった雪は，自分の重みで圧縮されて長い年月をかけて氷の層に変わる。厚いところは 4,000 m 以上もある。同時に，雪に取り込まれた大気，火山の大爆発で吹き上げられた火山灰やガス，砂漠の砂，宇宙から飛来した塵なども，そのまま閉じこめられるので，氷の層はこれらを閉じこめたタイムカプセルとなる。

　この氷を掘り出して科学的に分析すると，過去の気候変動や火山活動などの「地球の記憶」を読みとることができる。たとえば，掘り出された氷の層からは，肉眼でも火山灰の層が 20 か所もわかり，表面から深さ数十 m までの氷からは，過去に行われた核実験の証拠であるトリチウムやセシウム 137，ストロンチウム 90 などの放射性物質も見つかっている。氷床の下には湖や川も点在する。そこには数千万年前の微生物が眠っているかも知れない。

　南極に降る雪の中の酸素同位体比は，気温と沿岸からの距離に大きく左右される。大気中の雨滴が蒸発する際，水蒸気中には ^{16}O の比が高くなり，その割合は低温ほど大きくなる。また，水蒸気が大気中で凝結と蒸発を繰り返すたびに，水蒸気中の ^{16}O の割合が高まるので，一般に，大陸内部で降る雪ほど，その酸素同位対比は小さくなっている。氷に閉じこめられた気泡から，過去の気温や二酸化炭素の濃度がわかり，大気中の二酸化炭素やメタンなどがどのようなメカニズムで温暖化と連動するかなどの「なぞ」が解けるかもしれない。日本の南極観測隊も厚い氷床を選んで，1995 年 8 月からドームふじ基地でボーリングを開始し，2007 年，ドリルの先端は深さ約 3,035 m にまで達し，これは旧ソ連の 3,625 m（1993 年）に次ぐ深さであり，氷床コアの最深部は，約 72 万年前のものと確認された。

　現在，約 72 万年前までの気温の変化を解明した。一方，欧州連合も 3,270 m に達し，約 80 万年前の氷を手に入れており，各国が次に狙っているのは 100 万年前の氷だ。

1-8　エルニーニョとその影響

　アメリカ航空宇宙局（NASA）は，1997 年，太平洋の海水温の異常分布，「エルニーニョ」が史上最大規模にまで発達したと発表した。このエルニーニョは

1997 年春から 1998 年夏まで続いた。エルニーニョとは，南米・ペルー沖から中部太平洋赤道域にかけて発生する 2 ～ 4 ℃高い「暖かい海」を指す。この海水温の高い海は，12 月のクリスマス頃に発生することから，漁師がスペイン語で「神の子」，「男の子」を意味する「エルニーニョ」と呼んだことから名づけられた。

　フランスとの共同の観測衛星で，1996 年 12 月と 1997 年 8 月の海面の高さを調査したところ，海面が高いところは海水温が高く，降水量も多いことがわかった。1996 年は，インドネシア周辺に，海面が平均より 14 cm から 32 cm も高い場所があった。1997 年は，温暖な海水が南米大陸沿岸まで移動し，逆にインドネシア付近の海面は，平均よりも 18 cm 低くなり温度も低かった。

　エルニーニョが発生すると世界各地で異常気象が起こり，多方面に影響を与えることがだんだんとわかってきた。チリのアタカマ砂漠では，1991 年から雨が一滴も降ったことがなかったが，1997 年，砂漠に雨が降ったため，それまで眠っていた植物が発芽し花を咲かせた。逆に，1997 ～ 98 年のエルニーニョではインドネシアでは雨期に雨が降らず，大規模な森林火災が発生した。日本も暖冬や夏の集中豪雨にみまわれた。世界全体の被害額は 320 億ドルとも 960 億ドルともいわれる。

　エルニーニョは生活費にも影響を与える。1997 年のサケの価格は，1996 年に比べ 2 割も高くなった。これは，エルニーニョのためにアラスカ沿岸の海水の温度が高く，サケの漁獲量が減って，日本からの輸出が増えたため起きた国内での品不足の結果だ。1982 年にも大きなエルニーニョが発生している。このときは豆腐の値段が 2 倍になった。これもエルニーニョの影響である。この年は，世界最大のカタクチイワシの漁場であるペルー沖の海水温が高くなって，漁獲量が減ったため，家畜の飼料となる魚粉の生産が減って，代わりのタンパク質源としてダイズが使われたことによる。

　エルニーニョはなぜ起こるのか。これまでの気象学者の研究によると，大西洋での気圧配置の変化が，インド洋や太平洋にまで影響を与え，通常，暖かい海水面を，インドネシアまで運ぶ働きをしている貿易風が弱まることが原因という。海面の水温が上下すると，影響で風の強さが変わり，それがまた海水の温度を変えていく。大気と海洋の相互作用によってエルニーニョは起きること

がわかってきた。同じことは，反対に海水温が低くなる現象「ラニーニャ」（スペイン語で「女の子」を意味する）についてもいえる。

ラッコとウニと
エルニーニョ

日本ではアメリカのカリフォルニアからウニを輸入していた。カリフォルニアの暖かい海には，北から栄養分に富んだ海流が流れ込んで，ジャイアントケルプ（オオウキモ）という60mにもなるとてつもなく巨大な海藻が生い茂っている。ウニやアワビは，その海藻を食べて育つ。一方，この豊かな海にはかつて，2万5千頭ものラッコが生息していた。

ラッコの毛皮は，毛がとても密で素晴らしく，たくさんのラッコが毛皮のために捕獲された。一時は絶滅寸前まで追いやられたが，保護運動によって，現在では2,500頭近くまで回復している。

ラッコはウニやアワビが大好物だ。ラッコは，いまから200万年前，最も遅く海に帰った陸上動物とされている。そのため，海への適応の進化が完全ではなく，アザラシなどに比べて皮下脂肪が十分でない。そのため，たくさんの餌を食べて，そのエネルギーで冷たい海から体温を維持している。ラッコの1日に食べる餌の量は大変多く，自分の体重の1/4にも達するといわれる。

何千年もの間，海藻とラッコとウニ，アワビのバランスはとれてきた。ラッコが減ればウニやアワビが増える。日本人はウニが大好きである。ウニを輸出すれば漁民は儲かる。ラッコの数が回復すれば，ウニが減り漁獲量も減り争いが生じる。

そもそも，なぜウニやアワビのエサとなるジャイアントケルプがカリフォルニア沿岸の海に育つかといえば，それは栄養分に富んだ海流が流れているからである。この海流は，日本沿岸を流れる世界最大級の海流である黒潮と関係する。黒潮は日本沿岸に沿って北上し，やがて北米大陸にぶつかって深海に潜り込む。潜り込んだ黒潮は，深海の水を表面にわき出させる。これを湧昇流と呼ぶ。

深海の水は栄養分に富んだ硝酸窒素を含んでいることが知られている。この栄養分に富んだ海水が，海流によってカリフォルニアまで運ばれてくる。カリフォルニアは太陽が豊かだ。そこでジャイアントケルプがよく育つ。

1997年は，過去最大のエルニーニョが発生した。海水の表面温度が高くな

ると比重が軽くなり，層ができて表層の水は深海の水と混ざり難くなる。混ざり難くなれば，栄養分に富んだ湧昇水は減って，海藻の育ちは悪くなる。こうしてバランスがとれていたサイクルが狂ってくる。

エルニーニョが気候変動にどのような影響を与えるかは，まだすべてが解明されてはいないが，ここでも気候変動は自然保護と人間の生活に大きな影響を及ぼしている。

1-9　文明論としての地球温暖化

オゾン層破壊や酸性雨問題と地球温暖化の間には大きな相違がある。前二者は，影響や被害が実際に確認され，具体的な対応策が求められる問題，つまり，「いまそこにある明確な危険」であるのに対して，地球温暖化問題は，その「被害が科学者集団が描き出す，将来の想定上の危険」であることだ。あえて言えば，背後には，各国の政策担当者や為政者が将来の被害を回避するため，それに見合った対応・対策をとらなければならないとする，科学による専制支配に近い主張がある。具体的には，二酸化炭素の排出削減の目標を，現在の半分以下にしなければならない，というきわめて厳しいものであり，それが気候変動枠組み条約の究極の目標となっている。それは，とりもなおさず，20世紀前半のアメリカ社会に端を発し，全世界に浸透した大量消費文明からの決別を促している。

アメリカは，1997年6月の国連環境特別総会のときも，温暖化防止の取り組みに批判的な動きがあった。二酸化炭素 CO_2 の排出規制が経済活動に打撃を与えると主張する産業界は，経済発展とのバランスのとれた対応を政府に求める意見広告を主要紙に載せた。アメリカは，2001年3月，京都議定書から離脱した。CO_2 削減の義務は，市場経済移行国を含む先進国に限って課すことになっていた。途上国には義務づけはなかった。産業革命以来，地球環境を破壊してきたのは，もっぱら先進国であったからだ。

国際エネルギー機関と環境省は，世界の CO_2 排出量が，2020年には314億tになったことを報告した。これは，1990年の210億tに比べて，1.5倍である。さらに，国連気候変動枠組み条約事務局は，2022年10月に，現在報告されている排出削減目標（NDC）がすべて実行された場合でも，世界の CO_2 排出量

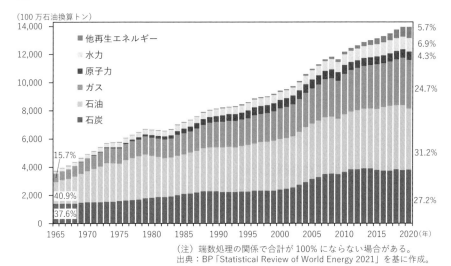

（100万石油換算トン）

（注）端数処理の関係で合計が100％にならない場合がある。
出典：BP「Statistical Review of World Energy 2021」を基に作成。

図1−16　世界のエネルギー消費量の推移（エネルギー源別，一次エネルギー）[16]

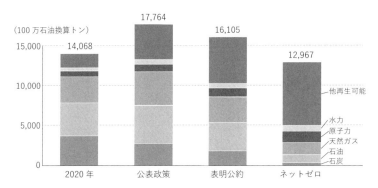

（100万石油換算トン）

（注1）公表政策シナリオは，セクター別政策の評価をベースに世界中の政府が発表した現在の政策を反映した
　　　　ケース
（注2）表明公約シナリオは，国が決定する貢献や長期的なネットゼロ目標を含む，世界中の政府による全ての
　　　　気候変動への取組が完全かつ期限内に達成されることを前提としたケース
（注3）ネット・ゼロ・エミッション2050年実現シナリオ（ネットゼロ）は，地球の気温上昇を1.5℃に抑え，
　　　　その他のエネルギー関連の持続可能な開発目標を達成するための，狭いながらも達成可能なケース
（注4）「他再生可能」は，風力，太陽光，地熱，バイオマス等の再生可能エネルギーである
出典：IEA「World Energy Outlook 2021」

図1−17　2050年における世界のエネルギー供給展望（エネルギー源別，一次エネルギー供給量）[16]

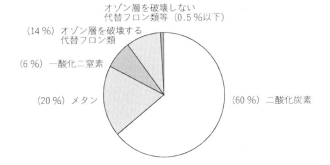

オゾン層を破壊しない
代替フロン類等（0.5％以下）
（14％）オゾン層を破壊する
代替フロン類
（6％）一酸化二窒素
（20％）メタン
（60％）二酸化炭素

図1-18　産業革命以降人為的に排出された温室効果ガスによる地球温暖化
　　　　への直接的寄与度[17]

は2010年比で10.6％増となる，との試算を明らかにした。非常に深刻な状況
である，というのは否めない。

　世界の石油消費量は，経済成長とともに増加傾向をたどってきた。1973年
に5,569万バレル/日であった世界の石油消費量は，2021年には9,409万バレ
ル/日になり，約1.7倍となっている。石油は様々な用途で消費されるが，輸
送用としての消費が大きな割合を占めており，2020年における世界の石油消
費量のうち，61％が輸送用であった。今後，2030年代後半には石油の需要は
EVなどの普及により鈍化する，との見通しもある一方，自動車の普及のスピー
ドも早く，この見通しは今後流動的である。

先進国の務め　1）先進国は，自ら排出削減につとめながら，途上国に技
　　　　　　　　　術や資金面で支援をする。しかし，これらは，せいぜい
　中期的な対策にとどまる。

　2）長期的には，「大量生産，大量消費，大量廃棄」という資源浪費型の工
　　業文明から脱却し，適正消費，省エネルギー，リサイクルを原則とする環
　　境調和・循環型の文明に転換する。

　豊かさの実現は，先進国が歩んできた経済発展の道をたどらずとも可能なは
ずである。先進国は，環境に負荷をかけない発展モデルを構築し，自ら実践し
て，途上国に手本を示さなければならない。

1-10　カーボンプライシング

　カーボンプライシングとは，CO_2などの温室効果ガスの排出量に価格を付ける仕組みである（頭文字を取って CP と略す）。燃料ごとの CO_2 排出量は使用量やそれによる発熱量などを掛け合わせる各国共通の計算式で算出する。排出量が多いほど支払う対価も高くなり，排出抑制の動機づけとなる。企業は対策を講じて排出量を減らすか，排出の対価を支払うかを選ぶことになる。代表的な CP に「炭素税」と「排出枠取引制度」がある。

　炭素税は，化石燃料の使用に伴う二酸化炭素発生量に応じて燃料に対して課税する税制である。その目的は，化石燃料の価格を税により引き上げることにより，その需要を抑え，その税収を環境対策に利用することにある。この二酸化炭素排出削減を目的とした炭素税は，このまま温暖化が進めば，欧州大陸の自然環境，経済活動も打撃を受け，成熟社会は根底から揺るぎかねないとして1990 年前後より欧州を中心に導入された。すでにスウェーデン，オランダ，デンマーク，フィンランド，ノルウェー，ドイツにおいて実施されている。このうち，デンマークでは炭素税の税収は環境対策のための補助金として使用されており，その他の国では，炭素税の税収は一般財源に組み込まれている。

　日本でも，石油・天然ガス・石炭などの化石燃料に課税する「地球温暖化対策税（環境税）」が 2012 年から導入された。税率は排出する CO_2 の量に応じて決まり，石油の場合 1 L あたり 0.76 円である。この税収は，省エネルギー対策や再生可能エネルギーの普及に活用され，CO_2 の排出抑制につなげていくこととされている。

　さらに，EU は，環境対策が緩い国からの輸入品に「税」を課すシステム「炭素国境調整措置（国境炭素税）」の導入を 2026 年に目指すことで合意している。これは，鉄鋼，セメント，アルミニウム，肥料，電力の 5 分野で，EU 域外からの輸入品を取り扱う EU 域内の事業者に対して，同じ物を域内で製造した場合に EU で支払いが求められる炭素価格に応じた価格の支払いを義務付けるというものである。これによって EU 域内企業に，安易に規制の緩い国から原料を調達させないようにする狙いがあるとともに，輸入品にも厳しい規制をかけることで環境政策と産業政策の両立を目指す狙いもある。

　排出枠取引制度（キャップ・アンド・トレードとも呼ばれる）は，CO_2 を排

出する「排出枠」を設定し，その排出枠を取引する制度である。まず，個別の企業や国に対して温室効果ガスの排出枠（排出を許される量，キャップ）を割り当て，各企業・国はその排出枠を超えないように，排出する CO_2 の量を抑える必要がある。しかし，「キャップ」を超えて CO_2 を排出しそうになったとき，排出削減がキャップよりも多く削減できた別の企業・国から，その「余った排出枠」を買って，「見かけ上キャップを超えていない」ようにすることができる。このような，排出枠の取引のことを指す。排出枠が市場で売買される結果，価格が決まる。総排出量は固定されるものの，排出枠の価格は需給で変動することになる。

　このようにして，排出される炭素の量に応じて何らかの形で課金をすることで，CO_2 の排出削減に対する経済的インセンティブを創り出し，気候変動への対応を促すことになる。ただし，カーボンプライシングは，「お金さえ支払えばよい」とい風潮を生み出しかねない点があり，「金額」として CO_2 排出量を「可視化」する分，各国・企業はより一層モラルを問われることになる。

家庭での CO_2（二酸化炭素）の発生量を計算してみよう

　この計算法は，環境省が発表しているもので，家庭における1か月の CO_2 発生量(二酸化炭素換算)は，下記の計算式で，おおよその値が求められる[18]。

家庭での CO_2 発生量(CO_2 換算)

電　　気：A ＝［使用量（kWh）× 0.486］
都市ガス：B ＝［使用量（m^3）　× 2.23(LNGは 6.55)］
水　　道：C ＝［使用量（m^3）　× 0.251］
ガソリン：D ＝［使用量（L）　× 2.32］
灯　　油：E ＝［使用量（L）　× 2.49］
ゴ　　ミ*：F ＝［排出量（kg）× 0.24］

　発生する CO_2 の合計は，［A ＋ B ＋ C ＋ D ＋ E ＋ F］kg-CO_2

*「ゴミのうちプラスチック類等(非バイオマス系)の量」：いわゆる化石燃料由来のプラスチック類及び合成繊維の焼却量で計算する。生ごみ等，バイオマス由来の炭素はもともと植物などが二酸化炭素を吸収したものであり，カーボンニュートラルである(実質は増加していない)ため，家庭から出る量としては計算しない。

1-11　化石燃料からの脱却

　2023 年 12 月に開催された COP 28 では，成果文書に「化石燃料からの脱却する行動をこの 10 年間で加速させる」との文言が盛り込まれた。あわせて，

世界の温室効果ガスを 2019 年比で，2030 年までに 43％，2035 年までに 60％削減する必要があるとした。2030 年までに SDGs の目標を達成するには，途上国だけでも年 4 兆ドルの資金が必要になると SDG サミットは指摘したが，その半分以上は化石燃料からのエネルギー転換に関するものである。もう「脱化石燃料」の流れは，間違いなく「そのときが来た」のである。

■引用・参考文献

1) オークリッジ国立研究所　ホームページ.

2) 環境省ホームページ（気候変動の国際交渉，世界のエネルギー起源 CO_2 排出量 2021 年）.

3) 日本原子力文化財団ホームページ（原子力・エネルギー図面集，第 1 章「世界および日本のエネルギー情勢」2022）.

4) 環境省ホームページ（気候変動に関する政府間パネル（IPCC）第 5 次評価報告書第 2 作業部会報告書（影響・適応・脆弱性）の公表について）.

5) 国立環境研究所地球環境研究センター　ホームページより.

6) Clorius *et al.*, The environmental record in graciers and ice sheets, pp. 343-361, John Wiley & Sons (1989).

7) Newton 臨時増刊号，p. 17（1999.4.7）.

8) ノーマン・マイヤーズ（林雄次郎訳），『沈みゆく箱舟』，岩波書店（1981）より環境省作成（平成 22 年版 環境・循環型社会・生物多様性白書）.

9) 松本信二他編著，『細胞の増殖と生体システム（第 1，7 章）』，学会出版センター（1993）.

10) 田淵洋，『自然環境の生い立ち』，p. 19，朝倉書店（1979）.

11) Newton，18 巻，12 号，p. 88（1998.12）.

12) S. H. シュナイダー，サイエンス，19 巻，11 号，p. 31（1989.11）.

13) 環境省ホームページ，「2021 年度（令和 3 年度）の温室効果ガス排出量（確報値）について」.

14) 経済産業省ホームページ.

15) 気象庁ホームページ（海洋の温室効果ガスの知識）.

16) 経済産業省・資源エネルギー庁，「エネルギー白書 2022　第 2 部」.

17）原子力・エネルギー図面集 2022（日本原子力文化財団）.

18）千葉県循環型社会推進課ホームページ.

2

再生可能エネルギー

　「再生可能エネルギー」とは，「エネルギー供給構造高度化法」において，「太陽光，風力その他非化石エネルギー源のうち，エネルギー源として永続的に利用することができると認められるものとして政令で定めるもの」と定義されており，政令において，太陽光・風力・水力・地熱・太陽熱・大気中の熱その他の自然界に存する熱・バイオマスが定められている[1]。1章で述べた「2050年までに人為的な温室効果ガスの実質排出ゼロ」という目標を達成するためには，「再生可能エネルギー」の世界的かつ大幅な導入をしなければ不可能である。世界はそれを見越して，この分野での技術革新は，近年めざましいものがある。

　国際再生可能エネルギー機関（IRENA）がまとめた2023年版世界の再生可能エネルギー統計報告書によると，2022年に追加された全発電設備容量の83% を再生可能エネルギー発電が占め，記録的な成長を示している。2022年末までに，太陽光発電の累積の設備容量は1,000 GW（1 TW（テラワット））の領域に入り，また風力発電も累積で設備容量が900 GW を超えたとされ，太陽光と合わせると約 2 TW に達したのである。再生可能エネルギー全体では，2024年には約4.5 TW（原発4,500基分に相当）になる見通しで，これはもはや化石燃料に匹敵する規模になったのである。発電量でみると，2021年の世界の再生可能エネルギー発電量は，7,858 TWh，2020年比で5.4% の増加であった。再生可能エネルギーの中で発電量全体に占める割合は，水力発電55%，風力発電23%，太陽光発電13%，バイオマス発電 8 %，地熱発電 1 % であり，

2020 年から 2021 年への電源別伸び率では，太陽光発電 22.7% 増，風力発電 15.7% 増の二つが大きな伸びを示した[2]。しかしこのペースでさえも，2050 年カーボンニュートラルの目標にはほど遠く，2023 年 12 月に開催された COP 28 では，「世界の再生可能エネルギー容量を 2030 年までに 3 倍にする」という厳しい目標が打ち出された。そのくらい事態はひっ迫している。

　一方，エネルギー自給率が 13.3%（2021 年）で，世界中から「エネルギー」を輸入している日本にとって，「輸入の必要がない」エネルギーとして，再生可能エネルギーは非常に魅力的である。なのに，世界の再生可能エネルギーの普及の流れから大きく取り残されている現状がある。

　ここでは，特に「太陽光」「風力」そして「地熱」に焦点をあてたい。

2-1　風力発電の導入の世界の流れと今後の展望

　「風力発電」とは，「風」の力を利用して風車を回し，風車の回転運動を発電機に通じて電気に変換する発電方法である。一定以上の風速があれば昼夜を問わず電力を生み出し，動力が「風」であるため資源が枯渇する恐れがない。また燃料を必要としないので，二酸化炭素などの温室効果ガスが発生せず，地球環境にやさしい安全でクリーンなエネルギーである。

　ただ，デメリットとしては，自然の風を利用する発電方法のため，風向きや風速によっては発電量が左右されるために，「電力供給の安定性」の面では弱い部分がある。また，風が強くて風車の回転速度が上がりすぎる時は，安全のため回転を停止する設計になっているため，暴風時には稼働させることができない点もある。また，年間を通じて風の吹く場所に設置しないと発電効率が悪くなるため，建設場所の候補地も限られる[3]。

　しかし，ほかの再生可能エネルギーに比べて，風力発電は，設置場所さえしっかりと選定すれば発電量が豊富なために，最も注目されている発電方法で，かつその技術は大きく進化した。現代風車は，オイルショック（1973～1978 年）の石油代替電源ニーズの下で，無人運転を可能にする電子制御技術と，ガラス繊維強化プラスチック複合材料の発達によって実用化された。1980 年代には水平軸プロペラ式 3 枚翼，鋼製モノポールタワー，高風速時に翼形状の空気特性により失速現象が発生して定格出力以上の発電を防ぐ設計（ストール制御），

プロペラの回転数は一定（固定速）という安価に大量生産可能な設計（デンマークモデル）が確立して，普及した。次いで，大型化，翼のねじり角度で出力を制御するピッチ制御や風速の強弱に合わせて回転数も増減する可変速運転の導入，大型化によって飛躍的に進歩し，今ではローター直径が，陸用では 120 m 以上，洋上では 160 m 以上になり，定格出力では陸上向け平均が 2.7 MW，洋上向け平均が 7.8 MW になった[4]。図 2-1 に洋上風力の風車の平均サイズの推

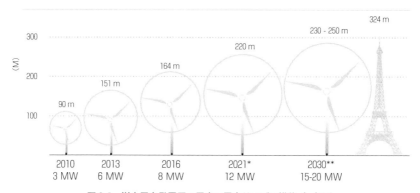

図 2-1　洋上風力発電用の風車の最大サイズの推移（m）[6, 7]

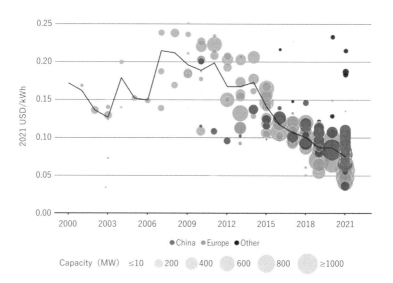

図 2-2　洋上風力プロジェクトと世界の LCOE（加重平均）およびオークション／PPA 価格[5]

移を示す[6,7]。ヴェスタスでは，2021年に洋上向けとして15 MW（ローター直径236 m）を発表した。このような風車の技術向上によって風力発電のコストも急速に低下し，陸上では2010年と比べて，2022年では37％程度（0.033 USドル/kWh）にまで大幅に低下し，「価格破壊状態」になった。洋上は設備投資が高いためコストも高くなるが，それでも2010年の0.197 USドル/kWhから，2022年にはその41％（0.081ドル/kWh）低下した。もはやこれらの価格は火力発電のコスト（0.05〜0.17 USドル/kWh）と遜色なく，風力発電は補助金に依存することなく，火力発電に対する競争力を持ち得ている。（図2-2）[6]。

風力発電用風車の世界シェア（2022）は，1位ウェスタス（デンマーク）：14.0％，2位ゴールドウィンド（中国）：13.1％，3位シーメンスガメサ・リニューアブル・エナジー（スペイン）：10.4％，4位GE（アメリカ）：9.8％となっている。

これらの結果，風力発電の導入が世界中で急速にかつ大幅に進んだ。2010年には，世界の風力発電の累積導入量が198 GW（ギガワット）であったのに対し，2022年には906 GWと約4.6倍になった（図2-3）。この値は，世界の

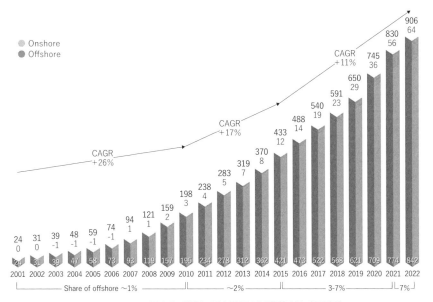

図2-3　世界の風力発電の累積導入量（GW）[5]

原子力発電の設備容量を越えてしまった。国別では中国が 36 GW を導入，それに米国（14 GW）が続き，これらは主に陸上風力発電である。一方，洋上風力発電が占める割合は約 7 ％に増加し，主にヨーロッパで導入が進んでいる。洋上風力は，陸上に比べて風車 1 基あたりの容量が大きいために初期投資はかかるが，立地が良ければ発電効率は優れていて，トータルで見るとコスト低減につながる。イギリスが最も多く導入しており，続いて中国，ドイツ，オランダ，ベルギー，デンマークの順となっている。これらの国ではさらに建設中・計画中の案件が多数ある。また，オランダのように洋上風力発電と水素生成事業を組み合わせて，「風力の不安定化」を解消しようとするものもある[8]。

　2023 年 6 月に行われた中国福建省の洋上風力発電の入札では，なんと落札価格が 1 kWh あたり 0.2 元程度（約 4 円）にまで下がった。ここまで風力発電のコストが下がると，今後はさらに導入が進むことが見込まれている。

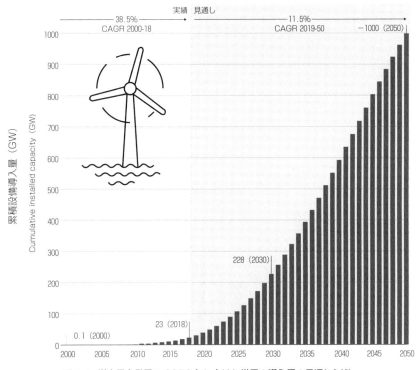

図2-4　洋上風力発電の 2050 年に向けた世界の導入量の見通し[9, 10]

IRENA の推測では，洋上風力発電の世界市場は今後 30 年間で著しい成長を見込んでおり，2018 年 1 年間の導入量 23 GW から 2030 年には約 10 倍の228 GW，さらに 2050 年には 1,000 GW に迫るとみている（図 2-4）。あわせて，2050 年の風力発電全体の累積設備容量 6,044 GW のうち 17% を洋上風力が占めるとみている[9, 10]。これに加え，火力発電のコストの上昇（炭素税・国際炭素税の導入など）が起これば，さらに風力発電の導入のスピードは，もっと早まるといえる。

2-2　太陽光発電の導入の世界の流れと今後の展望

　1 年間に地球にふりそそぐ太陽のエネルギーは，石炭に換算しておよそ 90兆トン分もあるといわれ，これは世界のエネルギー消費量の約 3 万倍分に相当する[11]。この膨大なエネルギーを利用する方式としてあみだされたのが，「太陽光発電」である。太陽光発電は，光エネルギーから直接電気を作る太陽電池を利用した発電方式をここではいう（太陽熱を使った方式もあるが，ここでは触れない）。英語では「Photovoltaics」なので，略して「PV」と呼ぶことが多い。太陽電池は，プラスを帯びやすい P 型シリコン半導体とマイナスを帯びやすい N 型シリコン半導体を張り合わせてつくる。この 2 つの半導体の境目に光エネルギーが加わると，P 型シリコン半導体はプラスになり，N 型シリコン半導体はマイナスになり，乾電池と同じ状態になる。そこで，両極に電線をつなげば電気が流れ，光エネルギーがあたり続ければ電気は発生し続ける，というものである[12]。

　太陽光発電の最大のメリットは，「太陽が存在している限り，資源が枯渇する心配がない」という半永久的なエネルギーという点である。さらに，温室効果ガスも発生しない。また，メンテナンスが容易であることも利点である。地球環境にやさしく，安全でクリーンなエネルギーとして，近年急速に普及が進んでいる。その反面，発電効率が低いため（約 20%），火力や原子力発電が生み出すのと同じくらいの大量の電気をつくるには，ソーラー設備を置くための広大な土地が必要になる。また夜間は発電できず，雨や曇りの日も発電量が少なくなるなど，天候や時間帯に左右されやすいという欠点がある[11]。

　太陽光発電の「要」である太陽電池は，今もシリコンを使用したものがほと

んどである。当初は，価格面で安価だった「多結晶（アモルファス）型」が優位であったが，近年技術が進み，よりエネルギー効率の高い「単結晶型」が主流になり，2020 年にはシェア 88% にまで達している。太陽電池の生産国は，かつては，日本が世界のトップであった。1990 年代には，京セラ，シャープ，三洋電機（現パナソニック）の 3 社がトップ 10 に入り，2005 年には世界シェアの 5 割を握っていた。しかしその後，ドイツに抜かれ，さらに 2020 年では，中国のメーカーが世界シェアの 7 割近くを握るようになった。中国のメーカーの台頭の裏には，中国国内の「格安な電気料金」がある。シリコン製造の際にはどうしてもかなりの電気が必要となるが，電気料金が格安なために，コストを下げる要因となり，大きな利点となっている。

　近年，新規太陽電池材料として期待を寄せられているのが，「ペロブスカイト太陽電池」である。ペロブスカイトと呼ばれる結晶構造の材料を用いた新しいタイプの太陽電池であり，「シリコン系太陽電池」や「化合物系太陽電池」にも匹敵する高い変換効率を達成している。ペロブスカイト膜は，塗布（スピンコート）技術で容易に作製できるため，既存の太陽電池よりも低価格になる。さらに，フレキシブルで軽量な太陽電池が実現でき，シリコン系太陽電池では困難なところにも設置することが可能になる [23]。桐蔭横浜大学の宮坂力教授によって開発されたもので，太陽光吸収に用いる $NH_3CH_3PbI_3$ という化学式で表されるペロブスカイト結晶は，濃い褐色であり，可視光の利用率が高い。その結果，エネルギー変換効率は 21.6 % と，既存のシリコン型太陽光電池と遜色ない。しかも，宮坂教授はこのフレキシブル太陽電池を 100 回以上曲げる試験を実施したところ，その性能が安定していたことも確かめている。

　これらの背景から，太陽光発電のコストは驚異的なスピードで低下した。2010 年（0.378 US ドル/kWh）と比べて，2019 年では 0.068 US ドル/kWh に（図 2-5），さらに 2022 年にはなんと 0.049 US ドル/kWh となった。これは 2010 年に比べて 13% 程度にまで低下したことになる。このコストは前述の火力発電のコスト（0.05〜0.17 US ドル/kWh）より安くなってしまい，もう太陽光発電は，風力発電と同じく補助金などに依存することなく，火力発電に対する競争力を十分持ち得ている。

　その結果，風力発電と同様に，太陽光発電もこの 10 年間で世界の導入量は

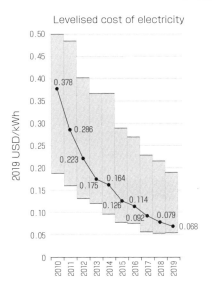

図2-5 世界の太陽光発電の加重平均発電コスト[13)]

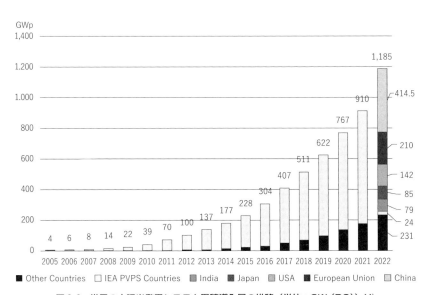

図2-6 世界の太陽光発電システム累積導入量の推移（単位：GW（DC））[14)]

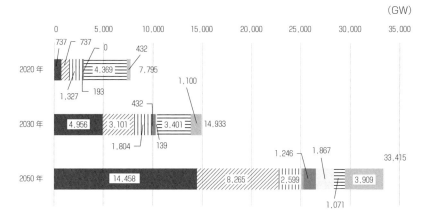

■太陽光　∥風力　‖水力　■その他再生可能エネルギー　　水素関連　＝化石燃料　■その他
注　2020年は実積値，2030年と2050年はIEA予測値。
出典：国際エネルギー機関（IEA）より作成

図2-7　世界の電力設備容量[15)]

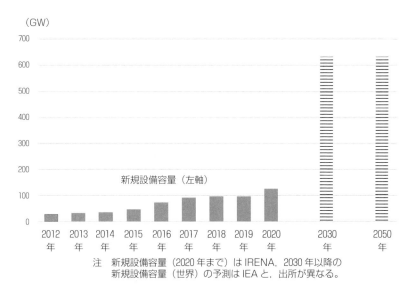

注　新規設備容量（2020年まで）はIRENA，2030年以降の
新規設備容量（世界）の予測はIEAと，出所が異なる。

図2-8　太陽光の新規設備容量[15)]

急激に増加し，2022年末時点の世界の太陽光発電システム累積導入量は1,185 GW で，1 TW の大台を突破した。これは，2018年と比べて倍になっているので，導入のスピードがいかに早いかがよくわかる。

　その結果，風力発電と同じく，太陽光発電もこの10年間において世界の導入量は急激に増加し，2018年における世界の累積導入量は500 GW を超えた（図2-6）[14]。さらに，2020年の太陽光発電の年間導入量は127 GW であり，累積容量では2020年末までに太陽光発電がついに風力発電に追いつき，ほぼ同レベル（737 GW）になった（図2-7）[15]。この値は，もはや世界の原子力発電の設備容量（約400 GW）の2倍近くになっている。

　2020年7月，アラブ首長国連邦にあるエミレーツ水電力公社の2 GW 太陽光発電プロジェクトの落札価格は，なんと1.3533 US セント/kWh（約1.4円）であった[16]。UAE ゆえ非常に日照に恵まれている，設備容量が GW レベルの大容量などが価格を押し下げたとはいえ，衝撃的な価格であった。これ以上の価格低下は起きにくいと考えられているが，それでも火力・原子力よりもかなり低コストになったため，今後の太陽光発電の年間の新規（追加）設備容量は，2030年には年間630 GW までの加速度的な伸びが見込まれる[15]。

2-3　地熱発電の導入の世界の流れと今後の展望

　地熱発電の一般的な方式である「フラッシュ方式」を図2-9に示す。地熱資源はマグマの熱で高温になった地下深部（地下1,000〜3,000 m 程度）に「高温流体」として存在する。これが溜まっているところを地熱貯留層といい，ここに「生産井」を掘り①，地熱流体を取り出す。気水分離器で地熱流体を蒸気と熱水に分け②，得られた蒸気でタービンを回転させて発電させる③，というものである。さらに，蒸気だけでなく熱水も併せて利用する「ダブルフラッシュ方式」④というのもあり，これはさらに効率がいい。

　世界の地熱資源量で見た場合は，ザ・ガイザーズという世界最大級の地熱地帯を有するアメリカが第1位で3,000万 kW，第2位がインドネシアで2,800万 kW 存在するといわれている。第3位はなんと日本で2,300万 kW となっており，日本は世界でも屈指の地熱資源を持つ国である。しかし，運転している地熱発電所の発電設備容量で見ると，第1位がアメリカ370万 kW で，第2

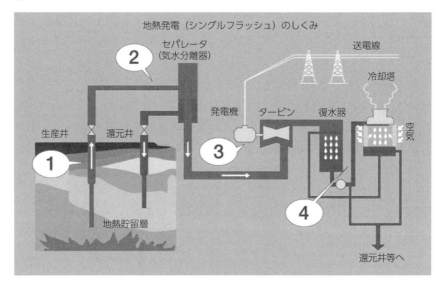

地熱発電（シングルフラッシュ）のしくみ

図2-9　地熱発電（フラッシュ方式）のしくみ [17]

位インドネシア210万kW，第3位フィリピン190万kWであり，日本はわず
か60万kWで第10位となっている。ところが，地熱のタービンや発電機に
おけるシェアは日本が世界一で，その6割強を占めている。「ダブルフラッシュ
方式」よりもさらに効率のよい「トリプルフラッシュ方式」を開発し，インド
ネシアやニュージーランドなど世界で利用されている。

　地熱発電の厄介な点は「地下リスク」，つまり，掘削してみないと正確な資
源量や状況はわからないというリスクがある。近年，空中からセンサーを活用
して有望な地域を探査することも行われているが，やはり本当に開発に向いて
いる地域であるかどうかは，実際に井戸を掘ってみないとわからない，という
点がつきまとう [19]。石油や天然ガスを発見する可能性に比べればリスクは低
いものの，有望な地熱資源が発見できるのはプロジェクトの50％程度である [20]。
また，調査に時間がかかるという課題もある。地表からの調査や地下構造を把
握するといった「初期調査」だけで約5年，実際に井戸を掘って「噴気調査」
をおこなうのに約2年もの期間がかかる。さらに，資源に恵まれた場所は，国
立公園の中や，有名な温泉地の付近に存在していることも問題点にある。

その一方，高温の水だけで発電できる「バイナリー方式」が開発され，規模は小さくても「温泉源」などに設置して，源泉の熱水から熱だけをとりだして発電できるようになった。日本は世界でも屈指の豊富な地熱資源があるので，環境に配慮し，地域との共生を図りながら，活用すべきである。

2-4　日本の再生可能エネルギー導入の問題点

日本は風力発電にしても太陽光発電にしても，世界からみて驚くほどコストが高い。これが日本の再生可能エネルギー導入を阻んでいる最大の要因であった。2023 年度の日本の入札価格は，陸上風力が 13～14.5 円，事業用太陽光発電が 8.95～12 円であり，年を追うごとに低下しているが，前述の世界の平均価格（陸上風力 0.053 US ドル /kWh: 太陽光 0.068 US ドル /kWh に比べるとまだ高い。

しかし，それでも何とか日本も再生可能エネルギ－の導入が進み，日本国内での 2022 年度の自然エネルギーによる年間発電電力量の割合を推計したところ 24.5% となった。特に太陽光発電は 10.6% に達し，2012 年度と比較すると約 14 倍となっている[22]。この要因として，2011 年に制定された FIT（再生可能エネルギー固定価格買取制度）により，特に太陽光発電の買取価格が当初は高かったので，実際のコストと差があり，「儲けの幅」が大きかったため，「儲かる発電」として一気に導入が進んだ，という背景がある。

ただし，洋上風力発電には大きな変化が起こった。2023 年 12 月に公表された大規模洋上風力の公募第 2 弾（秋田県男鹿市・潟上市・秋田市沖，新潟県村上市・胎内市沖）での落札結果では，多くの企業が「3 円以下 /kWh」で入札してきたのである。これは新しい制度 FIP による影響と分析されている。FIT は売電する先が電力会社に固定されていたが，FIP は販売手法を自由に選べる。特定の大口顧客を見つけ，3 円よりも高い直接販売契約を結べばよい。再生エネの安定調達のために必要だと長期契約を結ぶような顧客を，自力で探してくれば利益は上がるのである。

急速な再生可能エネルギー導入のために，新たに生じた問題が「出力制御」である。電気は発電量と使用量のバランスが崩れると大停電になるため，大手電力の送配電部門が調整をしているが，再生可能エネルギーの発電量が多く，

かつ休日など使用量が減ったときに，発電量＞使用量となるため，再生可能エネルギーの受け入れを大手電力が一時的に止めることが出来る制度が「出力制御」である。2018年に九州電力が初めて実施し，2023年では，もはや全国のほとんどの電力会社が行った。これは，「発電した電気を捨てている状態」なのである。九州電力の2023年度の出力制御量は前年度の2倍を超えている。これを防ぐには，送電網の整備・制御のオンライン化・電力会社間の融通・蓄電システムの導入でかなりの制御量を減らせるが，いずれも日本は遅れている。今後，再生可能エネルギー導入の鍵は，これらを改善しないと，なかなか進まない状況にある。

　そもそも日本は太陽光も風力もそれなりに恵まれた環境にあるので，それをどう生かすか，それをどう自然からわけてもらうか，という観点で，再生可能エネルギーの導入を真剣に見直す時期がきている。

2-5　最　後　に

　今回は，バイオマスや地中熱，小水力には触れられなかったが，これらも非常に有望なエネルギー源である。すべての「自然から分けてもらう」エネルギーをフルに活用しなければ，いつまでも化石燃料や原子力に頼ることになってしまい，世界から「見放される」ことになる。技術・導入方法など，あらゆる面から知恵を絞らないといけない時期に来ている。あわせて，「省エネ」を極力行い，総発電量を抑え込むことも重要である。

■参考・引用文献

1) 資源エネルギー庁ホームページ「なっとく再生可能エネルギー」中の「再生可能エネルギーとは」．

2) ESG Journalホームページ「IRENA，再生可能エネルギー統計2023を発表」（2023.7.25）電気事業連合会ホームページ「［世界］2022年の世界の再エネ発電容量は9.6%の増加」（2023.4.4）

3) 東京電力ホームページ「風力発電のしくみ」．

4) 研究開発の俯瞰報告書，環境・エネルギー分野，2.1.5 風力発電（国立研究開発法人科学技術振興機構，研究開発戦略センター）（2021）

5）自然エネルギー財団ホームページ「洋上風力発電を，ニッポンも。」(2023.4.4)

6）Global Wind Report 2022（Global Wind Energy Council）自然エネルギー財団ホームページ「洋上風力発電の動向」(2023.10.3)

7）自然エネルギー財団ホームページ「洋上風力発電に関する世界の動向【第2版】」(2021.6)

8）日本貿易振興機構（JETRO）ホームページ「特集：グリーン成長を巡る世界のビジネス動向；陸上は中国・米国，洋上は欧州で，風力の導入進む，今後稼働予定の大型プロジェクトと日本企業の進出（2）」(2021.8.4).

9）自然エネルギー財団ホームページ「洋上風力発電に関する世界の動向」(2020.2)

10）IRENA "Future of Wind"（2019.10）

11）東京電力リニューアブルパワーホームページ「太陽光発電」.

12）中国電力ホームページ「太陽光発電」

13）金融庁ホームページ「サステナブルファイナンス有識者会議，第5回，令和3年3月25日開催，資料4」(2021.3.25)

14）NEDOホームページ「国際エネルギー機関・太陽光発電システム研究協力プログラム（IEA PVPS）報告書，世界の太陽光発電市場の導入量速報値に関する報告書（第11版，2023年4月発行）（翻訳版）」

15）日本貿易振興機構（JETRO）ホームページ「特集：グリーン成長を巡る世界のビジネス動向；コスト低減が世界の太陽光発電の導入を後押し，今後稼働予定の大型プロジェクトと日本企業の進出（1）」(2021.8.4).

16）SOLAR JOURNALホームページ「太陽光発電プロジェクト入札「世界最低価格」が更新」(2020.9.10)

17）日本地熱協会ホームページ「地熱発電のしくみ」

18）一般財団法人新エネルギー財団ホームページ「海外の地熱発電状況について」(2020. 7)

19）資源エネルギー庁ホームページ「【インタビュー】「世界第3位のポテンシャルを持ち，高い技術を有する日本の地熱開発」―小椋 伸幸氏（前編）」(2019.4.26)

20）資源エネルギー庁ホームページ「【インタビュー】「地熱開発を進めていくためには，地域との共生が何より大切」―小椋 伸幸氏（後編）」(2019.5.9)

21）経済産業省ホームページ「陸上風力第3回入札（令和5年度）の結果について」
（2023.11.14）

22）特定非営利活動法人環境エネルギー政策研究所ホームページ「国内の 2022 年度
の自然エネルギー電力の割合と導入状況（速報）」（2023.9.5）

23）「有機と無機のハイブリッドで高変換効率を生み出すペロブスカイト型太陽電池
の開発」，宮坂力，国立研究開発法人科学技術振興機構ホームページ（2017）

3

オゾン層の破壊

　気象庁は 2000 年 9 月 10 日，南極上空をおおうオゾンホールの面積が南極大陸の 2 倍以上の 2,918 万 km^2 に達し，破壊されたオゾン量が 9,622 万 t を記録して過去最大となったと調査結果を発表した。この破壊量は全成層圏オゾン量の約 2.9% になるという。オゾンホールが 1980 年代に初めて出現して以来，これまでの最大の消失量は 1998 年の 8,908 万 t であった。

　オゾンホールは，オゾン層が塩素原子などのオゾン層破壊物質で壊され，極端にオゾンが減っている場所を指す。

　2000 年は成層圏の気温が低く，極域成層圏雲と呼ばれる雲が発生しやすかったことが原因とされている。この雲があると塩素ガスが増える。塩素ガスは太陽光線で分解され塩素原子ができ，オゾンの破壊が急速に進むと考えられている。国連環境計画（UNEP）と世界気象機関（WMO）は，2023 年 1 月，大気中のオゾン破壊物質が減り，生物に有害な紫外線を遮るオゾン層は，2066 年頃に当時のレベルにまで回復する可能性があると発表した。オゾン層破壊物質の生産と使用を規制するモントリオール議定書に基づいた国際社会の行動が効果に結びついたという。大半のオゾン層破壊物質は議定書の見通しに沿って減少し，1980 年代から 1990 年代前半に進んだオゾン層の破壊は，2000 年以後は大きな変化はない。UNEP や WMO などの報告では，禁止されたオゾン層破壊物質の約 99% が削減されるという。

3-1　オゾン層の働きと生物の多様性

　地上約 15～50 km にあるオゾン層（成層圏オゾン）は，太陽光に含まれる生物にとって有害な紫外線（可視光線より高いエネルギーを持つ）*を吸収して，地上の生物の生命を守り，生物の進化と多様性をもたらしてきた重要な働きを持っている。オゾン層は中緯度では高度 20～25 km を中心に，厚さ約 20 km，全体で約 33 億 t 存在する。0℃，1 気圧換算でおよそ 3～4 mm の厚さとなる。

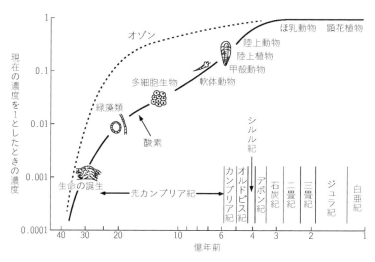

図 3-1　地球における酸素・オゾンの生成と生物の進化[1]

---

*　光（電磁波）が有する光子 1 個のエネルギーは，1900 年プランク（M. Planck）によって示された。
　　$\varepsilon = h\nu$
　ここで，ν は光の振動数を示し，h はプランク定数と呼ばれる基本物理定数である。
　　$h = 6.626 \times 10^{-34}$ J・s
　　　$= 1.59 \times 10^{-34}$ cal・s，ただし，1 cal = 4.18 J
したがって，振動数の大きい（波長の短い）光ほど大きなエネルギーを持つことになる。たとえば，波長 $\lambda = 260$ nm の紫外線のエネルギー（光子 1 モル当たりの）は，次のように求めることができる。
　光速度を $c = 3 \times 10^8$ m・s^{-1} とすると $\lambda = c/\nu$ の関係から，$\lambda = 260$ nm のときの光の振動数 ν は，
　　$\nu = 3 \times 10^8$ m・s^{-1}/260 $\times 10^{-9}$ m
　　　$= 1.15 \times 10^{15}$ s^{-1}
　よって，そのエネルギーはアボガドロ定数（N_A）を 6.02×10^{23} mol^{-1} とすると
　　$E = h\nu \times N_A$
　　　$= (1.59 \times 10^{-34}$ cal・s$) \times (1.15 \times 10^{15}$ s$^{-1}) \times (6.02 \times 10^{23}$ mol$^{-1})$
　　　　　$= 110$ kcal・mol^{-1}（460 kJ・mol^{-1}）
　このエネルギーの値は，生体内の DNA 分子を作っている C-C，C-N などの結合エネルギー値である 82.6 kcal・mol^{-1} や 72.8 kcal・mol^{-1} に比べて大きい。

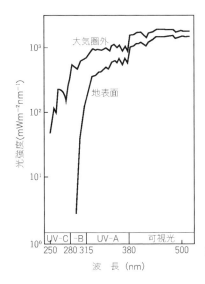

図 3-2　大気圏外および地表面における紫外線の強度[3]

オゾン層の形成とその働き

$$O_2 \xrightarrow{190\sim242\,nm} O+O$$
$$O+O_2 \longrightarrow O_3$$
} オゾンの生成

$$O_3 \xrightarrow{230\sim290\,nm} O_2+O$$
$$O+O_3 \longrightarrow O_2+O_2$$
} オゾンの分解

$$O_2 + O_2 \rightleftharpoons O_3 + O \quad 平衡状態$$

　結果として，オゾン層は波長 190〜290 nm の紫外線を吸収する。生物にとってオゾン層による紫外線の吸収が本質的に重要な理由は，生物の細胞内にある遺伝情報を担う核酸（DNA）を紫外線から防いでくれているからである[5),6)]。DNA* は，オゾンと同じように紫外線領域（吸収極大波長：250〜260 nm）に強い吸収を持っている。

＊　デオキシリボ核酸（DNA）（deoxyribonucleicacid）
　細胞の核に存在する染色体の主要構成要素。遺伝子の本体で，遺伝情報を後の世代（子孫）に伝達すること，タンパク質の合成を通して遺伝情報を発現することを行っている。
　DNA の特徴は 4 種類の塩基，アデニン（A），グアニン（G），シトシン（C）およびチミン（T）がひも状に配列した構造にあり，その順序がタンパク質のアミノ酸の並びを決めている。
　DNA はリボ核酸（RNA）により酸素をとったという意味であるが，もともとの RNA にはメッセンジャー RNA（DNA の配列を写しとる），トランスファー RNA（アミノ酸を連れてくる）およびリボソーム RNA（タンパク質の製造工場）がある。

64

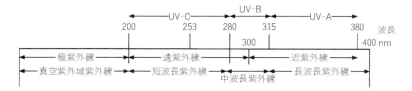

図 3-3　紫外線の区分

表 3-1　UV-B に対する農作物の相互的感受性[2]

種　類	高い感受性	中間の感受性	耐　性
繊維作物			ワタ
C_3型作物	オオムギ，カラスムギ	イネ，ライムギ	コムギ，ヒマワリ
C_4型作物	スイートコーン	ソルガム	トウモロコシ，アワ
マメ科作物	ダイズ，エンドウ，ササゲ	インゲンマメ，ラッカセイ	ラッカセイ
果菜作物	トマト，キュウリ，カボチャ，オクラ，スイカ，ラズベリー，カンタロープメロン	コショウ	ナス，オレンジ
花野菜作物	ハナヤサイ，ブロッコリー		アーティチョーク
葉作物	カラシナ，ホウレンソウ	レタス	キャベツ，コールラビー，アルプスクローバー，クローバー，アルファルファ，タバコ
茎作物	ダイオウ，サトウキビ		セロリー，アスパラガス
根，塊茎	サトウダイコン，ニンジン	ジャガイモ	タマネギ，ハツカダイコン

(注)　UV-B 照射実験によりバイオマスが減少するものを「感受性」，コントロールと差異のないものを「耐性」とした。

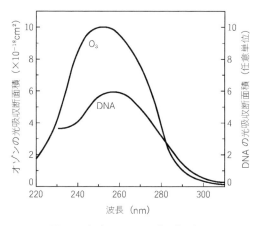

図 3-3　オゾンと DNA の紫外線吸収[3]

吸収断面積は光吸収の強さを表す。

紫外線の生物への影響　　紫外線はその波長により近紫外線（380〜300 nm）および遠紫外線（300〜200 nm），または，UV-A（380〜315 nm），UV-B（315〜280 nm）および UV-C（280〜200 nm）に分けられる。このうち，地表に到達する成分は 300 nm 以上の長波長成分である。オゾン層が減少して紫外線の増加する成分は 300 nm 近辺であり[7]，短波長成分は DNA がより吸収するので生物への影響がより深刻になる。人体への影響としては，皮膚細胞のがん化，アレルギーなどの免疫異常，目における角膜炎，白内障の増加などが心配されている。とくに，赤道直下に住む白人にとって重大な問題となりつつある。

UV-A は皮膚の奥まで（真皮まで）届き，肌の弾力を保つ組織を壊しやすく，すなわち，肌の張りや弾力を保つコラーゲンやエラスチンという組織にダメージを与え，肌を黒くして，しわやたるみの原因となる。人体への影響が大きいのが UV-B で細胞の DNA を傷つける。肌が赤くなってヒリヒリし，皮膚の表面に炎症を起し，シミやしわの原因となる。

生物には DNA の傷を修復する働きがあるが，大量に傷つくと修復が間に合わず，細胞が死んだり，がん細胞に変化したりする。がん細胞ができても少しなら免疫系が修復するが，追いつかなくなると，皮膚がんになる。動植物への影響としては，紫外線の強いところに生えている高山植物，葉の大きい栽培植物，海面直下のプランクトンなどの生物が影響を受け，後にこれらが生態系全体への影響を及ぼすことになる。

紫外線防護剤　　紫外線を生体高分子への影響の見地から見ると 330 nm を境に区分した方がよい。波長により，吸収，散乱物質が異なる性質に対応して，紫外線防護剤が開発されてきた。330 nm より短波長の紫外線は振動数が高く（エネルギーが高く），DNA による吸収が強いのが特色である。これより長波長の成分はエネルギー的には低く，DNA との相互作用は弱くなり，転移 RNA，タンパク質などによる吸収が主体になる。

短波長成分が DNA により吸収されるのは，隣りあった塩基（主にピリミジン）の間に結合がこの波長領域でできることによる。この異常を受けて，化学伝達物質（サイトカイン，プロスタグランジン）ができる。これが刺激となって血流が盛んになる。この結果，皮膚が紅くなるのを紅斑という。

① 日焼けを防ぐには，日焼け止めクリームを塗るとよい。日焼け止めクリームには紫外線を反射する成分や紫外線を吸収して熱に変える成分などが含まれている。日焼け止めクリームには「PA＋」とか「SPF 30」とかの文字が書かれている。②「PA（protectiongrade of UV-A）」は A 波を「SPF（sun protectionfactor）」は B 波を防ぐ効果を表わしている。「＋」の数が大きい方が効果が高く，「＋＋＋＋」が最大。SPF は数字が大きいほど効果が高く，「50＋」が最大。③ 紫外線は雲やガラスも通ってしまうから注意が必要。曇りの日でも晴れた日の 65％ほどの紫外線が地表に届く。コンクリートや水面，雪などからも反射する。

　紫外線は春から夏にかけてピークを迎え，秋や冬でもゼロにならない。特に A 波は一年通して多く降り注ぐ。

　ビタミン D の活性化に紫外線（最大効果は 295 nm）を必要とするが，日本では反射した程度の太陽光で十分であり，格別に日光浴の必要はない。

3-2　オゾン層破壊のメカニズム

　大切な働きをするオゾン層が，20 世紀が生んだ最も偉大な発明品の一つといわれ，今日の豊かで便利で清潔な生活を支えてきたフロン*（クロロフルオロカーボン chlorofluorocarbon, CFC）によって破壊されることを見いだしたのは，アメリカの化学者ローランドとモリーナであった。ローランドとモリーナ

表 3-2　成層圏オゾン破壊連鎖反応サイクル

HO_xサイクル				ClO_xサイクル			
(1)	$H+O_3$	→	$OH+O_2$	(5)	$Cl+O_3$	→	$ClO+O_2$
(2)	$OH+O$	→	$H+O_2$	(6)	$ClO+O$	→	$Cl+O_2$
ネット	$O+O_3$	→	O_2+O_2	ネット	$O+O_3$	→	O_2+O_2

NO_xサイクル			
(3)	$NO+O_3$	→	NO_2+O_2
(4)	NO_2+O	→	$NO+O_2$
ネット	$O+O_3$	→	O_2+O_2

*　フロン（flon）は日本での通称。C，F，Cl，H などから成る化合物。アメリカ・デュポン社の商品名はフレオン。また，Br 原子を含むフルオロカーボンに消火剤として使用される通称ハロン（halon）がある。

は，オランダのクルッツェンと共に 1995 年，環境の分野で初めてノーベル化学賞を受賞した（クルッツェンは，オゾン層破壊をもたらす NO_x サイクルを確立した）。

オゾン層の破壊の危機はフロンばかりでなく，これまで過去 2 回あったといわれている。その一つは，1950 年から 1980 年代にかけて行われた，米ソ，2 つの超大国による大気圏内の核爆発実験である。アメリカの 193 回，ソ連の 161 回に及ぶ核実験によってオゾン層の 4～5% が破壊されたと推定されている。もう一つは，コンコルド（SST）などの超音速航空機の登場であった。これらによるオゾン層の破壊は，いずれも大気中に存在する窒素分子が，高温に曝されることにより生じる NO_x によるものである。

フロンの誕生　－フロンの性質とオゾン層の破壊－

フロンは，1928 年にアメリカのゼネラルモータース（GM）社の技師であった，トマス・ミッジリーが電気冷蔵庫の冷媒として開発したのが始まりである。当時用いられていた冷媒は主にアンモニアであり，これに代わるより安全な冷媒物質として開発されたのである。フロンの有名なデモンストレーションとして，1930 年に開かれたアメリカ化学会で，トマス・ミッジリー自身が，胸一杯にこのフロンガスを吸い込み，ローソクの炎の上に吐き出して消して見せたのは有名な逸話である。このデモにより，不燃性と無毒性を一度に証明して見せたのである。冷却媒体としてすばらしい性能をもつこのガスは，ただちに工業化され，爆発的なヒット商品となっていった。ウレタンフォームなどの発泡剤，精密機械工業やエレクトロニクス産業（主に半導体製造）における精密洗浄剤，冷蔵庫のみならずエアコンの冷媒としても，この上なく便利な物質であることもわかり，その使用用途の範囲を広げ，製造量も 1970 年代には年 100 万 t を超えた。

表 3-3　**オゾン量の減少と紫外線強度**[8]

オゾン量の変化〔%〕	紫外線強度の変化〔%〕
－ 5	＋ 8
－10	＋20
－15	＋33
－20	＋50

フロンの性質

① 無味無臭で毒性がなく，不燃性かつ安全に取り扱える。
② 相変化（液化や気化）が容易に起こる。
③ 断熱性および電気絶縁性が優れている。
④ 表面張力が著しく低く，水よりも密度が大きく重い。
⑤ 油脂類となじみがあり，これらを良く溶かす。洗浄能力が非常に高い。
⑥ 揮発性が高い。

　フロンは，このように優れた性質を持っているため万能な化合物といわれ，今日の物質文明を支えてきた。しかし，フロンという輝かしい物質が，オゾン層の破壊という影の特性を持つとは，だれが予想したであろうか。

　フロンは安定であるがゆえに，放出されたフロンは対流圏では分解されず，やがて成層圏に達し，そこでエネルギーの高い紫外線によってはじめて分解される。フロン分子は分解によって，塩素原子（Cl）を放出する。この塩素原子がオゾン（O_3）と反応し，さらに次式のように塩素を放出して，次々と連鎖的にオゾン分子を破壊する。

$$CCl_3F（フロン 11）\xrightarrow{\text{UV}} Cl + CCl_2F$$

$$Cl + O_3 \longrightarrow ClO + O_2$$

$$ClO + O \longrightarrow Cl + O_2$$

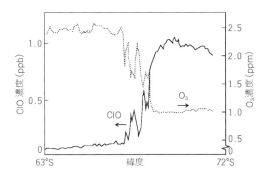

図 3-5　南極の一酸化塩素とオゾンの成層圏での濃度
　　　　関係[9]
　　　（塩素がオゾン層を破壊する最も有力な根拠
　　　　となっている）

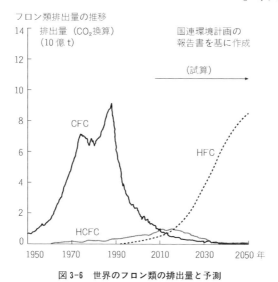

フロン類排出量の推移

排出量（CO$_2$換算）
（10 億 t）

国連環境計画の
報告書を基に作成

（試算）

CFC

HFC

HCFC

1950　1970　1990　2010　2030　2050 年

図 3-6　世界のフロン類の排出量と予測

　1 個の塩素原子は，こうして数万のオゾン分子を破壊するといわれている。これまでに世界で生産されてきたフロンはおよそ 2,100 万 t，1980 年代には世界で年間 100 万 t 近くの特定フロンが生産され消費されてきた。日本では最盛期の 1988 年〜 89 年には年間 14 万 t のフロンを生産していた。フロンの約 90％は，すでに大気中に放出され，そのうちオゾン層に到達したのは約 10％。残りの 90％は，これからオゾン層に到達すると推定されていた。

3-3　フロン（CFC）および代替フロン（HCFC および HFC）の規制の動き

フロンの規制　　　　数多くあるフロンのうち，大気中で寿命が長くオゾン層を破壊する能力が大きい 5 種類のフロンは，特定フロン（メタンやエタンの水素原子をすべて，塩素とフッ素原子で置換したもの）と呼ばれ，その生産と消費の規制が行われてきた。フロンの規制の本格的な始まりは，

表 3-4　フロン類とオゾン層保護をめぐる動き

1928 年	トマス・ミッジリー　フロン冷媒系列の最初の化合物である，ジクロロジフルオロメタン (CFC-12) を開発
1974 年	ローランド，モリーナが，フロンによるオゾン層破壊の仮説を初めて明らかにした
1985 年	「オゾン層保護のためのウィーン条約」採択 (88 年発効)
1985 年	イギリスのジョセフ・ファーマンらが南極上空のオゾン層の著しい減少を指摘 (オゾンホールの発見)
1987 年	特定フロン 5 種類及びハロン 3 種類の生産量・消費量の段階的削減を盛り込んだ「モントリオール議定書」採択
1989 年	モントリオール議定書第 1 回締約国会合 (ヘルシンキ) にて，「ヘルシンキ宣言」採択。「フロンの生産と消費を，遅くとも 2000 年までのなるべく早い時期に全廃すること」を明言 (特定フロンの 2000 年全廃を決定)
1990 年	議定書第 2 回締約国会合 (ロンドン) にて，途上国を支援するために，「多数国間基金」を中核とする暫定的な資金供与の制度の設立が合意される (1991 年 1 月に暫定的に発足)。
1992 年	議定書第 4 回締約国会合 (コペンハーゲン) にて，先進国の CFC の全廃を，2000 年から 1996 年に前倒しすることが決定。HCFC や臭化メチルも規制対象に追加。
1995 年	議定書第 7 回締約国会合 (ウィーン) にて，先進国は臭化メチルは 2010 年に全廃，HCFC は 2020 年に全廃することが決定。あわせて，途上国の規制スケジュールも決定。
1999 年	議定書第 11 回締約国会合 (北京) にて，HCFC を，先進国は 2004 年から，途上国は 2016 年から規制することで合意。
2000 年	オゾンホールが過去最大になる (約 2960 万平方キロ，南極大陸のほぼ 2 倍)。
2007 年	議定書第 19 回締約国会合 (モントリオール) にて，HCFC の規制を強化し，先進国は 2020 年に全廃，途上国は 2040 年全廃から 2030 年に前倒しして全廃することで合意。
2015 年	オゾンホールが過去 2 番目の大きさになる。
2016 年	議定書第 28 回締約国会合 (ルワンダ・ギガリ) にて，HFC の規制を強化，先進国は 2036 年までに 85 ％分を段階的に削減，途上国は，2045〜2047 年までに 80〜85 ％削減で合意 (ギガリ改正)。
2019 年	オゾンホールが過去 31 年間で最小 (約 1370 万平方キロ)。

　1987 年に締結された「モントリオール議定書」*による。これは，フロンの生産と消費を段階的に削減する取り決めで，先進国における 5 種類の特定フロンと 3 種類の特定ハロンの生産量削減が合意された。事実，特定フロンの規制で大気中のフロンの濃度は，図 2-7 を見て分かる通り，近年減少し始めている。

　フロンの放出が減少し始めてから，オゾン層が回復するまでには，時間に相当なずれがある。なぜなら，フロンその他のオゾン破壊物質が成層圏に達するには何年も要し，その一部は，いったん成層圏に存在すると，何世紀にもわたってオゾン層を破壊し続けるからである。

---

*　モントリオール議定書とは，1987 年 9 月にカナダのモントリオールで締結されたフロンなどの生産と消費の段階的削減に関する取り決めで，5 種類の特定フロンと 3 種類の特定ハロンの生産量削減が合意された。ヨーロッパ，アメリカ，日本などを含む 49 か国が批准した。

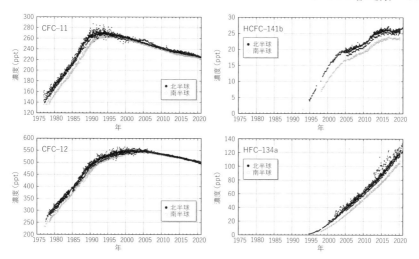

図3-7　世界における大気中のクロロフルオロカーボン類とその他のハロゲン化合物類の
濃度」の経年変化[11]

3-4　代替フロンとその問題点

特定フロンの規制によって，オゾン層を破壊しない代替フロンが登場した。
脱特定フロンが進む一方で，代替フロンの生産が急増している。代替フロンと
しては，対流圏で分解するように OH ラジカルと反応する水素原子を分子内に

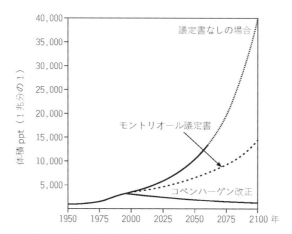

図 3-8　大気中の塩素および臭素の濃度，1950-2100 年[12]

表 3-5　主な特定フロン

コード番号[1)	化　学　式	沸点(°C)	主な用途	寿命(年)[2)	ODP[3)
CFC-11	CCl_3F	24	発泡剤	60	1.0
CFC-12	CCl_2F_2	−30	冷却媒体	120	1.0
CFC-113	CCl_2F-$CClF_2$	48	洗浄剤	90	0.8
CFC-114	$CClF_2$-$CClF_2$	4	ブレンド用	200	1.0
CFC-115	$CClF_2$-CF_3	−39	ブレンド用	400	0.6

1）コード番号のつけ方は1の位の数字は分子中の「Fの数」，10の位の数字は「Hの数＋1」，100の位の数字は「Cの数−1」を示す。2）大気中における寿命予測値。研究者によって値が異なるが，ここではUNEPの発表（1989年8月）を示した。3）ozone depletion potential（オゾン破壊力）。CFC-11を1.0としたときの重量当たりの相対値（モントリオール議定書による）

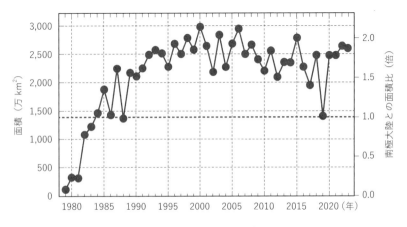

図 3-9　オゾンホール面積の年最大値の推移[13)
1979年以降の年最大値の経年変化。破線は南極大陸の面積を示す。米国航空宇宙局（NASA）提供の TOMS，OMI および OMPS データをもとに作成。

もつハイドロクロロフルオロカーボン（HCFC），あるいは成層圏に達してもCl原子を発生しないハイドロフルオロカーボン（HFC）などがある。

　代替フロンは，オゾン層の破壊に対しては，ほとんど無害とされている。しかし，これらの代替フロンは，温室効果が大きく，温暖化への心配がある。

　アメリカ環境保護局（EPA）などの研究者は2009年，HFCなどの使用がこのまま増え続けると，特に途上国で激増し，最悪のケースでは2050年に，世界全体で温室効果ガスの28〜45%に達すると警告を発している。

　問題となっているのは，HFC 134 a をはじめとする代替フロンである。

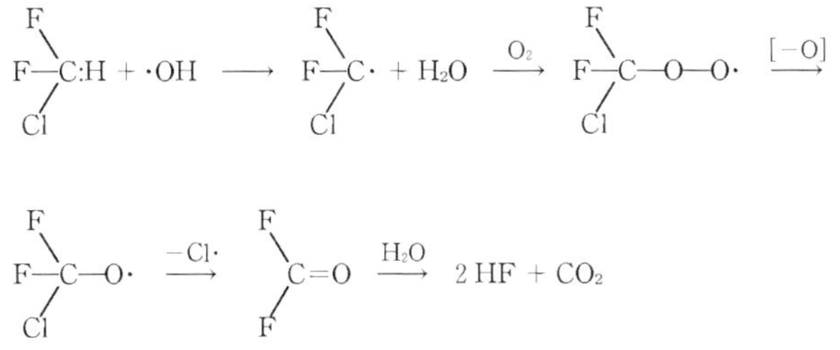

$$\begin{array}{ccc}
\underset{\underset{Cl}{|}}{\overset{\overset{F}{|}}{F-C:H}} + \cdot OH & \longrightarrow & \underset{\underset{Cl}{|}}{\overset{\overset{F}{|}}{F-C\cdot}} + H_2O \xrightarrow{\;O_2\;} \underset{\underset{Cl}{|}}{\overset{\overset{F}{|}}{F-C-O-O\cdot}} \xrightarrow{\;[-O]\;}
\end{array}$$

$$\underset{\underset{Cl}{|}}{\overset{\overset{F}{|}}{F-C-O\cdot}} \xrightarrow{\;-Cl\cdot\;} \underset{\underset{F}{|}}{\overset{\overset{F}{|}}{C=O}} \xrightarrow{\;H_2O\;} 2\,HF + CO_2$$

図 3-10　HCFC-22（フロン 22）の分解経路

表 3-6　代替フロン HFC および HCFC とその物性

コード番号	化　学　式	沸点 (℃)	寿命 (年)	ODP	GHP*
HFC-134 a	CF_3-CH_2F	−27	8	0	<0.1
HFC-152 a	CH_3-CHF_2	−25	2	0	<0.1
HCFC-22	$CHClF_2$	−41	16	0.05	0.07
HCFC-123	CF_3-CHCl_2	28	2	0.015	0.01
HCFC-124	$CF_3-CHClF$	−12	6	0.024	<0.1
HCFC-141 b	CH_3-CCl_2F	32	9	0.03	0.05
HCFC-142 b	CH_3-CClF_2	14	21	0.03	<0.05
HCFC-225 ca	$CF_3-CF_2-CHCl_2$	51	?	?	?
HCFC-225 cb	$CF_3Cl-CF_2-CHClF$	56	?	?	?

* フロン 12 を 1.0 とした重量当りの相対的温室効果係数（Green House Potential）。Du Pont 社の発表した値

HFC 134 a は，ここ数年，カーエアコンや冷蔵庫の冷媒などに広く使われるようになってきた。このフロンはかつては，オゾン層に無害な点ばかり注目されてきたが二酸化炭素の 1,300 倍以上もの温室効果があることが分かり，温暖化防止の対策上，無視できなくなってきた。

　フロン類を規制するモントリオール議定書が採択されてから 29 年を迎えた。議定書は，オゾン層破壊を食い止め，温室効果ガスの排出規制にもつながる成果につながった。国連は，特定フロンの製造を禁止したモントリオール議定書によって，CO_2 換算で 100 億 t 分の温室効果ガスの削減効果が，2010 年にあったとしている。日本の同年の温室効果ガス排出量は CO_2 換算で約 12 億 t であるから，議定書の役割の大きさが分かる。

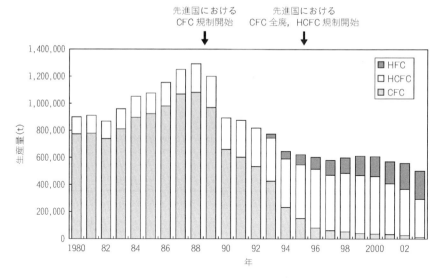

図 3-11　世界におけるフロン類の生産量の推移（1980〜2003 年）[12]

　モントリオール議定書の 2007 年の締約国会合において HCFC の規制も強化
された。HFC も温室効果が高いため，排出の増加が問題となっている。モン
トリオール議定書による温室効果ガス削減は，CO_2 換算で 110 億 t。この量は
京都議定書による削減量の 5 倍以上である。

　オゾン層を破壊する特定フロン，クロロフルオロカーボン（CFC）のうち，
CFC 12 は温室効果が CO_2 の 1 万倍以上もある。CFC に代わって登場した
HCFC の中で大半を占める HCFC 22 は 1,800 倍である。世界の HCFC 22 の生
産量は約 60 万 t。HCFC にも温室効果があるが，HCFC を製造するときの副
生成物として 2〜3％生成する HFC 23 は，温室効果が CO_2 の約 1 万 5,000 倍
もあることが知られている。

　先の表 3-4 に示す通り，2016 年までに 28 回のモントリオール議定書締約国
会議が開催され，フロンのみならず，代替フロンの規制の枠組みも形成され，
また，先進国のみならず，途上国も規制の対象に組み込まれていった。現在の
合意は，CFC が先進国は 1996 年，途上国は 2010 年に全廃，HCFC も先進国
は 2020 年，途上国は 2040 年に全廃となっている。さらに，2016 年の第 28 回
締約国会議（ルワンダ・ギガリ）では，ギガリ改正が承認された。これは，今

まで対象外とされてきた，HFC の規制について大きく踏みこんだものである。先進国は 2036 年までに 85％分を段階的に削減，途上国は 2045〜2047 年までに 80〜85％削減で合意した。

3-5　日本におけるフロンおよび代替フロンの規制

オゾン層を破壊すると共に地球温暖化に深刻な影響をもたらすフロン類の大気中への排出を抑制するため，日本では，2002 年に「フロン回収破壊法」が施行された。この法律では，特定機器の使用済フロン類の回収・破壊のみが制度の対象で，フロン廃棄時の回収率は 3 割で推移していた。その要因の一つとして，機器使用時の漏えいなども判明し，また規制対象外であった（HFC 等）の排出量が急増し，10 年後には現在の 2 倍以上となる見通しになったことから，2014 年には，新たに「フロン排出抑制法（フロン類の使用の合理化及び管理の適正化に関する法律）」が施行された。ここで HFC も回収対象としたのと，フロン類の製造から廃棄までのライフサイクル全体を見据えた包括的な対策にするため，製造から使用，回収の各段階の当事者に「判断の基準」遵守を求める等の取組を促すことにした。具体的には（1）フロン類の転換，再生利用による新規製造量等の削減，（2）冷媒転換の促進（ノンフロン・低地球温暖化係数フロン製品への転換），（3）業務用機器の冷媒適正管理（使用時漏えいの削減），（4）再生行為の適正化，証明書による再生/破壊完了の確認，充填行為の適正化の 4 点を明確化した。

代替フロン等 4 ガスの排出量は，2004 年までは大きく減少していたが，主に冷媒用途で使用されていたオゾン層破壊物質であるハイドロクロロフルオロカーボン類（HCFCs）から HFCs への代替に伴い，その後は大幅な増加傾向にある（2019 年：前年比：4.8％増，2013 年比：41.7％増，2005 年比：98.4％増）。2019 年の排出量は HFCs が最も大きく，全体の約 9 割を占める。HFCs の排出量は 2005 年から著しく増加している（2019 年：前年比 5.7％，2013 年比 54.8％，2005 年比 288.9％増）。その一方，他のガスは 2005 年から減少している。特に，エアコン等の冷媒用途における排出量が急増しており，全体の 9 割以上を占めている。これはオゾン層破壊物質である HCFCs からの代替に伴うものである[16]。

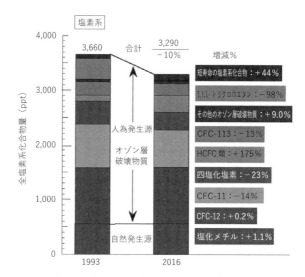

図3−12　1993 および 2016 年の成層圏中の塩素・臭素の主要な起源物質 [14]

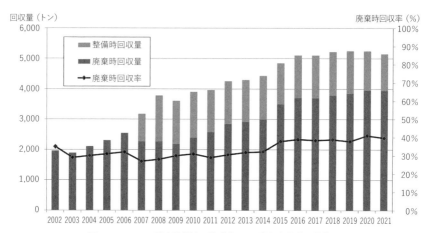

図3−13　フロン排出抑制法に基づくフロン類回収量等の推移 [15]

　環境省によると，2021 年度のフロン排出抑制法に基づき第一種フロン類充填回収業者から報告のあったフロン類を回収した第一種特定製品数の回収量は約 5,143 トンであった。その内訳は，CFC が約 89 トン（1.7%），HCFC が約 2,218トン（43.1%），HFC が約 2,836 トン（55.1%）であった。フロン類の廃棄時回収率は約 40% と推定された [15]。以前に比べて回収率は向上したものの，ここ

数年は 40% 前後で推移していて，さらなる向上は見られない。回収率が 40%
で止まっていることは，政府が温暖化対策計画で目指す「30 年に 70%」とい
う目標は，かなり達成が危ぶまれている。

　ただ，フロン類の再生量・破壊量は改善がみられ，令和 3 年度のフロン類の
再生量の合計は約 1,519 トンであり，前年度と比較して 14.6% 増加した。フロ
ン類の破壊量の合計は約 4,484 トンであり，前年度と比較して 9.4% 増加した[17]。

3-6 「脱フロン」「脱代替フロン」への道

　世界各国では，脱フロンはもとより，脱代替フロンへの道を着々と進めてい
る。最初の動きは，ドイツを中心とした北ヨーロッパで進んだ「緑の冷蔵庫」
の普及である。現在では「ノンフロン冷蔵庫」として普及している。冷蔵庫の
冷媒として用いられてきた代替フロン HFC-134 a（地球温暖化係数 1,300）に
比べて，地球温暖化係数が極めて小さいイソブタン（地球温暖化係数 3）を冷
媒に，シクロペンタンを断熱材の発泡剤に用いているものである（イソブタン
やシクロペンタンを炭化水素系冷媒という）。1992 年に旧東ドイツにおいて世
界で初めて生産され，翌年スウェーデンで製品化されて，急速に生産台数を伸
ばした。現在，ドイツでは家庭用冷蔵庫のほぼ 100% を占めるに至っている。
北欧諸国やスイス，オーストリア，オランダなどでも主流になり，欧州全体で
3,500 万台以上が使われている。さらに，中国市場でも 19% の冷蔵庫が炭化水
素系冷媒に転換されている状況にある。日本では，2002 年にようやく発売さ
れた。2004 年には，世界的な食品大手企業である，コカ・コーラ，マクドナ
ルド，ユニリーバが揃って「脱代替フロン宣言」をした。それぞれ自社の業務
用冷蔵庫を「ノンフロン冷蔵庫」に順次切り替えていく，というものである。

　さらに，地球温暖化係数が 1 である，二酸化炭素を冷媒にした業務用冷凍庫
も登場した。価格が代替フロン使用の冷凍庫に比べて 1.5〜2 倍するので，普
及の出足は鈍いが，それでも企業の環境意識への表れとして，大手スーパーや
コンビニエンスストアなどの流通業界で少しずつ広まっている。また，やはり
地球温暖化係数が 1 である，アンモニアを冷媒に使ったアイスリンクも登場し
ている。さらに，もっと地球温暖化係数が小さい「空気」を冷媒に使った冷凍
庫も開発されている。半導体洗浄剤についても，洗浄能力の高い「水系洗浄剤」

が開発され，乾燥を工夫することで，「脱代替フロン」に進んでいる。ただし，最も問題なのは，「エアコンの冷媒」で，これは現在でも代替フロンに代わるものが見当たらない。ダイキン工業が2013年に発表した新しい代替フロン冷媒「HFC 32」は，従来の代替フロンの地球温暖化係数の1/3で大幅に改善されたが，それでも地球温暖化係数の値は675である。炭化水素系冷媒をエアコンに用いるには，量が多すぎて危険であり，冷蔵庫のようにはいかない。

3-7　今後の見通し

国連，アメリカ，欧州連合（EU）からなるモントリオール議定書の科学評価パネルが2023年1月に作成した報告書では，モントリオール議定書が期待通りの効果を上げているとし，現在の取り組みが継続されれば，南極上空では2066年，北極上空では2045年，その他の地域では2043年ころにオゾン層は1980年の値（オゾンホールが出現する前の値）まで回復するとしている。図2-7からも，HFCの上空濃度は低下してきていることがわかり，市場に出回っているフロンをしっかり回収すれば，オゾンホールの問題は解決できることが見えてきた。しかし，その代償として，代替フロンの地球温暖化問題，というものが残された。回収率から推定して，空調器などから漏れている可能性も否めない。いかに漏らすことなく回収できるか，新しい技術で代替フロンの使用量を削減できるか，という点にこの問題の解決はかかっている。

■参考・引用文献

1) R. P. Wayne, "Chemistry of Atomosphers", p. 338（1985）.

2) 環境庁「オゾン層保護検討会」編，『オゾン層を守る』，（NHK ブックス 574），p. 48，日本放送出版協会（1989）.

3) Krupa and Kickert，1989年発表（野内勇，『地球環境と農林業』，p. 117，養賢堂）（1991）.

4) A. J. Blake, J. H. Clarver, *J. Atoms. Sci.*, **34**, 720（1977）.

5) 松本信二他編著，『フォトバイオロジー』，学会出版センター（1989）.

6) S.Nakai and S.Matsumoto,Two types of radiation sensitive mutant in yeast. *Mut. Res.*, **4**, 129（1967）.

7）S.Matsumoto *et al.*, Solar UV Monitor with Yeast and the Possibility of Estimating Ozone-Layer Thickness, *Naturwissen.*, **85**, 127（1998）.

8）Chemical Engineering News, Nov. 24, p. 33（1986）.

9）J. G. Anderson *et al., J. Geophys. Res.*, **94**, 11465（1989）.

10）Y. Makide, Proc. of 7 th Asian Chemical Congress, Hiroshima（1997. 5）. よりデータ更新.

11）気象庁ホームページ，「各種データ資料」「ハロカーボン類（フロン類）」より

12）AFEAS レポート.

13）気象庁ホームページ，「各種データ資料」「南極オゾンホールの経年変化」より

14）環境省ホームページ「令和 3 年度オゾン層等の監視結果に関する年次報告書」（2022.12）

15）環境省ホームページ「令和 3 年度のフロン排出抑制法に基づく業務用冷凍空調機器からのフロン類充填量及び回収量等の集計結果について」（2022.12.27）

16）環境省ホームページ「代替フロンに関する状況と現行の取組について」（2021.4.26）

17）環境省ホームページ「フロン排出抑制法に基づく令和 3 年度のフロン類の再生量等及び破壊量等の集計結果を公表します」（2022.9.16）

4

酸性雨と森林

　酸性雨という言葉を最初に用いたのは1870年，イギリスの化学者ロバート・アンガス・スミスである。酸性雨とは，水素イオン指数（pH）が5.6以下の雨で，広く酸性霧，酸性雪を含む。酸性雨は森林を枯死されることから，ヨーロッパでは「緑のペスト」，中国では「空中鬼」とも呼ばれている。

　酸性雨は，1980年代欧州や北米各地で深刻な被害をもたらした。現在は，欧州や北米では，降水の酸性化の原因物質である硫黄酸化物の排出などが改善されつつあるが，世界的には大気汚染物質の排出量は減少しておらず，産業革命以来進行し続けている。特にアジアなどの発展途上国におけるエネルギー消費量の増加は著しく，降水の酸性化に関する世界の研究者は，東アジアで今後最も被害が予想されるとして警告している。

---

　pH：酸・塩基の水素イオン濃度は非常に広い数値の範囲で変化するので，その濃度を mol/L の単位で表すかわりに，次の関係で定義される pH（水素イオン指数）を用いて表すと便利である。pH はピーエイチと読む。ペーハーはドイツ語読み。

$$pH = -\log [H^+]$$

　たとえば，水素イオン濃度 0.01 mol/L（10^{-2}mol/L）の酸性の水溶液の pH は，次のようにして計算することができる。

$$pH = -\log [H^+] = -\log 10^{-2} = -(-2) = 2$$
$$(pH = a のとき [H^+] = 10^{-a} mol/L)$$

表 4-1　水素イオンの濃度と pH の関係

H⁺の濃度 (mol/L)	10^{-1} 10^{-2} 10^{-3} 10^{-4} 10^{-5} 10^{-6} 10^{-7} 10^{-8} 10^{-9} 10^{-10} 10^{-11} 10^{-12} 10^{-13} 10^{-14}
pH	1　2　3　4　5　6　7　8　9　10　11　12　13　14
水溶液の性質	← 強　　酸性　　中性　　塩基性　　→ 強

pH の値は，水素イオンの濃度を 10^{-n} mol/L のように表したときの n に等しい。そこで，pH のことを水素イオン指数ともいう。

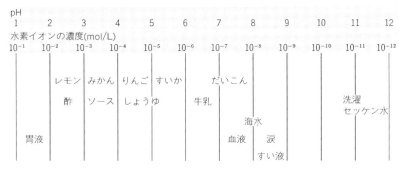

図 4-1　身近な物質の pH

　中性は pH が 7 であるが，大気中には二酸化炭素がわずかに存在するのでこれが雨に溶けて弱い酸性を示す。したがって，酸性雨は pH＝5.6 以下としている。

$$CO_2 + H_2O \rightleftarrows H_2CO_3$$
$$H_2CO_3 \rightleftarrows H^+ + HCO_3^-$$
$$HCO_3^- \rightleftarrows H^+ + CO_3^{2-}$$

4-1　酸性雨の定義とその被害

　雨水が酸性を示すのは，硫黄酸化物（SO_x）や窒素酸化物（NO_x）などが大気中で反応し，硫酸や硝酸あるいはそれらの塩類となって雨水に溶け込むことが原因とされている。これらの化合物は火山活動によっても放出されるが，多くは人間の活動による排出が要因となっている。

　硫黄酸化物は，石油や石炭などの化石燃料中に含まれる硫黄分が燃焼によって二酸化硫黄 SO_2 に変化することにより生じる。生成した二酸化硫黄は大気

82

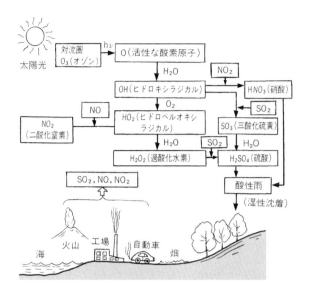

図4-2　酸性雨発生のメカニズム

図4-3　ヨーロッパにおける pH の等高線(1988)[1]
（酸性雨の被害が大きかった 1980 年代のものを図示する）

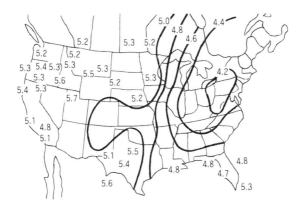

図 4-4 北アメリカにおける pH の等高線 (1985)[1]

中でさまざまな硫黄酸化物や硫酸，およびその塩となる。

原油中の硫黄分は少ないもので 0.1%，多いものは 3～5% もある。石炭は，通常 1～2% の硫黄を含有する。一方，窒素酸化物は化石燃料が高温で燃焼するときに発生し，硝酸などを生成する。酸性雨が問題となった 1980 年代のヨー

表 4-2 世界の主要国における SO₂ および NO₂ の排出[2]

		SO₂排出量	（単位：万 t）					NO₂排出量	（単位：万 t）		
		1975 年	1980 年	1985 年	1996 年			1975 年	1980 年	1985 年	1996 年
先進国	アメリカ	2 590	2 378	2 167	1 662	先進国	アメリカ	1 920	2 356	1 939	1 976
	イギリス	531	490	372	236		イギリス	243	237	239	229
	フランス	333	335	145	101		西ドイツ	257	293	291	177
	西ドイツ	335	317	237	87		フランス	161	165	140	263
	日 本	257	128	84	88		日 本	233	162	132	148
旧ソ連・東欧	ロシア	—	1 212	1 195	1 017	旧ソ連・東欧	ロシア	—	258	250	305
	東ドイツ	—	426	534	212		ポーランド	—	150	150	112
	ポーランド	—	410	430	261		チェコスロバキア	—	120	99	112
	ウクライナ	—	385	366	278		ウクライナ	—	84	75	76
	チェコスロバキア	—	310	278	151		東ドイツ	—	63	67	45
	ルーマニア	—	180	180	143						
途上国	中 国	1 018	1 337	1 726	2 346	途上国	中 国	373	491	636	737
	インド	165	201	283	307		インド	138	167	231	256
	メキシコ	—	—	—	160		メキシコ	—	—	—	140
	台 湾	61	104	69	45		韓 国	22	37	46	115
	韓 国	23	27	32	153		台 湾	12	23	26	65

ロッパ，北アメリカの pH 等高線を図 4-3，図 4-4 に示す。

　硫酸系酸性降下物の量は，自然からのものと人為的なものを合わせて年間 1.5 億 t と推定されている。同様に，硝酸系降下物の量は 1.4 億 t と見積もられている。

4-2　酸性雨が生態系に与える影響

　酸性雨は，森林の立ち枯れや湖沼の水質悪化を引起し，魚などの生物の死滅，銅像などの文化財の損傷を招く。酸性雨が生態系に及ぼす影響は，酸性物質の地上への沈着量と土壌や湖沼の酸性に対する緩衝能力によって決まる。

　地上に降った酸性雨は土壌を酸性化し，それにともなって植物の栄養素であ

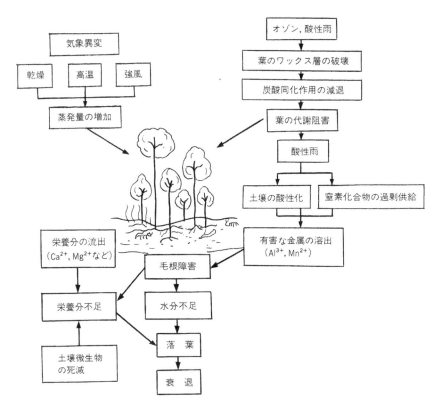

図 4-5　樹木の衰退に関する諸要因

表 4-3　ヨーロッパの森林衰退[3]

国／地域	森林総面積（1000 ha）	推定被害面積（1000 ha）	被害面積の割合（%）
チェコスロバキア	4,578	3,250	71
イギリス	2,200	1,408	64
旧西ドイツ	7,360	3,827	52
ノルウェー[2]	5,925	2,963	50
ポーランド	8,654	4,240	49
旧東ドイツ	2,955	1,300	44
スイス	1,186	510	43
フィンランド	20,059	7,823	39
スウェーデン	23,700	9,243	39
スペイン	11,792	3,656	31
フランス	14,440	3,321	23
その他[3]	38,107	—	—
合計[4]	140,956	49,647	35

1988 年の調査によると，調査された 26 地域のすべてにおいて何らかの被害が認められ，ヨーロッパ大陸全体では森林総面積の 35％に相当する約 5,000 万 ha で衰退が報告されている。

る土壌中のカルシウムやマグネシウムなどのアルカリ性物質の溶脱が起こる。栄養分を失った土壌はどんどんやせていく。また，酸性化が進むと，土壌中の微生物の活動が衰えたり死滅して物質循環も阻害する。さらに，土壌が酸性化すると，それまで安定であった土壌中のアルミニウムやマンガンも溶けだして植物の根に吸着，吸収される。これらのイオンは植物にとって有害であることが知られている。とくに，アルミニウムイオンは毛根を傷めるため，吸水作用が損なわれ，長い間酸性雨にさらされた植物はやがて枯死してゆく。さらに，植物の枯死は土壌流出をまねく。

団粒と植物の生育
土壌微生物の働き

植物の生育には土壌が大切な役割を果たしている。土は植物に必要な養分を供給するばかりでなく，土壌微生物に活動の場を与えている。土壌微生物の生息は，土に微小粒子をつくり，それが集まって団粒構造を形成する。大きな団粒の間には水や空気が通りやすく養分の補給や呼吸に都合がよい。さらに，微小粒子の間では水分保持が良好で，水分補給にも都合がよい。したがって根の成長にとって最適な環境が形成される。酸性雨による森林の衰退は，まさに団粒の破壊につながる。

　環境省が 1983 年から続けている酸性雨対策調査によると，2006 年現在の日

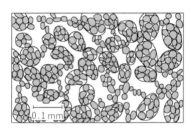

図 4-6　土の団粒構造

本の雨水の平均水素イオン指数は現在 pH 4.7。この値はすでに森林や湖沼に被
害が出ている欧米並であると指摘されている。酸性雨が欧米と同じ程度の強さ
でありながら，大事にいたっていないのは，幸いにして日本の土壌がおおむね
酸性物質に強いことと，蓄積量がまだ危険域に達していないためである。

　関東地方に広く分布する黒ボク土は，酸性物質を吸着する性質があり，被害
の進行を遅くしている。一方，西日本に広く分布するいわゆる赤土は，緩衝能
力がこれよりずっと弱いことが知られている。

　酸性雨によって 2020 年から 30 年以内に，酸性化の被害が東アジアや南アジ
アで顕在化するとの警告がある。欧州でみられたように，森林が立ち枯れて湖
沼や河川の魚が死に，歴史的文化財が傷むといった被害が現実になることが心
配されている。

　酸性雨問題を発展するアジアで考えてみよう。日本は，政府の途上国援助
（ODA）などを通じてアジアの成長の基礎を作り，自らもこの地域を発展の足
場にしてきた。2050 年にはアジアの工業部門の生産額は，最低でも現在の 3
倍になると予想されている。エネルギー消費や，排出される二酸化炭素と二酸
化硫黄は，1990 年と比べて 2 倍前後に増えることになる。二酸化炭素の排出
量は，アジア・太平洋地域が現在，世界の 25% を占めているのに対し，それ
が 35% にも跳ね上がることになる。

　世界銀行の試算によると，1990 年に約 3,400 万 t だったアジア地域の硫黄酸
化物（SO_x）の排出量は，2020 年には約 1 億 1,000 万 t に増え，中国がその半
数以上を占めると見られている。中国は一次エネルギーの 67.7% を石炭に依存
している（2013 年）ことが大きい。

利尻
4.79/4.87/4.85/ ** /5.04 (4.88)

札幌
4.93/4.92/4.81/4.99/5.03 (4.93)

佐渡関岬
** / ** / ** / ** / ** (--)

新潟巻
4.80/4.81/4.92/4.96/4.97 (4.89)

八方尾根
** /5.16/ ** /5.24/5.25 (5.21)

伊自良湖
4.75/4.91/4.78/5.02/5.05 (4.90)

隠岐
4.81/4.87/4.86/4.86/ ** (4.85)

対馬
** / ** /4.96/4.91/4.94 (4.94)

筑後小郡
4.80/4.78/4.71/4.92/ ** (4.81)

えびの
4.86/4.73/4.76/5.01/5.11 (4.88)

屋久島
** /4.63/4.65/4.68/4.80 (4.69)

辺戸岬
5.00/5.05/5.03/ ** / ** (5.03)

落石岬
5.13/5.14/ ** / ** / ** (5.14)

箆岳
5.08/5.14/5.03/5.13/5.17 (5.10)

赤城
** /5.10/4.96/5.10/5.11 (5.05)

東京
4.92/4.93/5.01/5.11/5.16 (5.02)

尼崎
4.89/5.02/4.84/5.02/5.06 (4.96)

橿原
** /4.99/4.95/5.00/5.16 (5.01)

小笠原
** /5.17/5.15/5.08/5.24 (5.15)

全地点平均
4.86/4.89/4.86/4.96/5.04 (4.92)

平成29年度/平成30年度/令和元年度/令和2年度/令和3年度 (5年間平均値)

**当該年平均値が有効判定基準に適合せず、棄却された
注：平均値は降水量加重平均により求めた

図4-7　降水中のpH分布図[4]

　二酸化硫黄や窒素酸化物は，発生源の近くの住民の健康を損ない，酸性雨な
どとなって環境を酸性化して生態系に影響を及ぼす。世界の他の地域では排出
量が減る傾向にあるのに対し，アジア・太平洋地域では急上昇することになる。
工場や自動車から出る二酸化硫黄や窒素酸化物質に国境はない。これらの物質
は，大気中で酸化されて硫酸や硝酸あるいはそれらの塩類などの酸性物質と
なって何千キロも移動する。すでに，東アジアの国々で越境による酸性雨が確

アジアの大気汚染物質の排出

アジア全域における大気汚染物質の排出量は，この60年間で，全ての物質の排出量が大幅に増加した。排出量の増加率が特に大きい物質は，SO_2，NO_x，CO_2であるが，これは主要発生源が発電，産業，自動車での化石燃料の燃焼であり，経済発展に伴ってその消費量が激増したためである。

国・地域別のアジアにおける排出量比を見ると，日本は1960年代から1970年代にかけて比率が大きく，1965年ではSO_2は中国に匹敵し，NO_xは中国を大きく凌駕していた。その後，日本の比率は減少していき，2015年ではそれぞれ数％にまで低下した。全ての物質において，2015年の排出量比が最も大きい国は中国である。しかしながら，多くの物質で近年の排出量は減少から少なくとも横ばいの傾向にあり，これまで懸念されていた大気汚染物質排出量の増加について，ピークは過ぎたと言えそうである。その一方で，インドについては，アジア域内での排出量比が近年大幅に増加してきている。また，東南アジア，インド以外の南アジアについても，近年増加の傾向が見られている[5]。

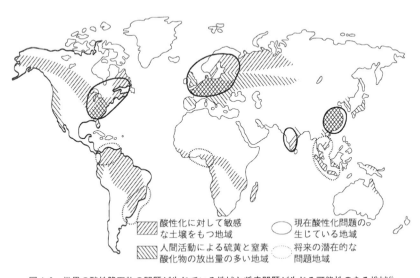

図4-8　世界の酸性降下物の問題が生じている地域と将来問題が生じる可能性のある地域[6]

認されている。欧州では 1950 年代から酸性雨の被害が報告されており，1979 年には長距離越境大気汚染に関する条約が採択され，現在では 40 か国が加盟している。

酸性雨を防ぐには　酸性雨を防ぐには，次のような対策が急がれている。

1）石炭，石油などの化石燃料の使用量の削減。

2）排煙への脱硫，脱硝装置の設置。

3）燃焼方法の改善。

4）自動車排ガス規制の徹底。

5）燃料からの直接脱硫技術の向上。

6）窒素肥料の削減。

7）石炭，石油などの化石燃料の天然ガスへの転換。

さらに，酸性雨の被害のでている土壌や湖沼，河川に対しては中和剤の散布も必要である。

熱帯雨林の開発と温室効果ガスの放出　熱帯雨林の開発は温室効果ガスの放出を招く。インドネシア・スマトラ島の熱帯雨林の土壌には，倒木や枯れた植物が湿地に覆われて炭化し，数千年をかけて積み重なった泥炭が湿地に存在する。おもにアブラヤシの大規模プランテーションの開発により，湿地の乾燥が進み，泥炭の分解も進み，場合によっては火災を引き起こし，大量の温室効果ガス（CO_2，CH_4）を排出する。国立環境研究所と気象庁気象研究所の研究で，2015 年に東南アジアの島しょ地域で発生した大規模な泥炭・森林火災からの二酸化炭素放出量について定量的な解析を行い，その放出量が 2015 年の 9 月から 10 月までの間で 273 Tg（炭素換算）（1 Tg（テラグラム）= 10^{12} g）であったと推定した。この量は現在の日本の年間の CO_2 排出量に匹敵するものであり，わずか 2 か月間で大量の CO_2 が大気へと放出されたことになる [7]。

全世界の森林面積は減少を続けており，世界では 1990 年以降 2020 年までに 1 億 7,800 万ヘクタールの森林が失われた。その一方，一部の国の森林減少の速度の低下に加え，中国などの植林と森林の自然拡大による森林面積の増加に

より，森林純減速度は 1990 年から 2020 年にかけて大幅に低下した。ただし，森林の減少速度は依然として大きな懸念材料である。

2010 年から 2020 年において，森林が純減する速度が最も高い地域はアフリカの年間 390 万ヘクタールであり，次いで南アメリカが年間 260 万ヘクタールである。2010 年から 2020 年までの年間平均で森林面積が純減した世界上位 10 か国は，ブラジル，コンゴ民主共和国，インドネシア，アンゴラ，タンザニア連合共和国，パラグアイ，ミャンマー，カンボジア，ボリビア，モザンビークである。

一方，シベリアの永久凍土の融解がここ数年急速に進んでいる。凍土の中にはメタンが閉じこめられている。メタンが大量に放出されれば温暖化が急速に加速することは間違いない。

4-3　森林を考える

熱帯雨林の鳥類と植物　　熱帯雨林は，地球温暖化の原因である二酸化炭素の重要な吸収源であると同時に，豊富な生物種の生息地でもある。しかし，プランテーションや開発のために，地球上の熱帯雨林や森林が伐採され，1 分毎にサッカー場 18 面分もの熱帯雨林が消失しているとされている。世界の森林面積は 1990-2020 年の 30 年間で 1 億 7,800 万 ha（日本の国土面積の約 5 倍）が減少した。これにより，動植物が絶滅したり，生物多様性が失われたり，地球規模での気候変動等に繋がることが懸念されている。熱帯雨林は生物の宝庫で，地球の陸地面積のたった 6 ％ほどしか占めないのに対し，全生物種の半分以上が生息していると推定されている。全地球的な生物多様性を維持するには生物の宝庫である熱帯雨林の重要性を認識しなければならない。

2021 年にイギリスで開催された COP 26 で，日本を含む世界 100 カ国超の首脳は 2 日，2030 年までに森林破壊を終わらせると約束する文書に署名した。森林破壊を終わらせる取り組みには，192 億ドル（約 2 兆 1,800 億円）近い公的資金と民間資金の投資が盛り込まれている。

生物種が急激に減少し続けている最大の要因の一つとして，熱帯雨林の破壊に歯止めがかかっていないことがあげられる。このまま熱帯雨林の破壊が続け

ば，この地域に生息する鳥類や植物の絶滅の速さは，自然淘汰の1万倍の速さで進行するといわれている。

イースター島の悲劇　南米チリの沖合い 3,700 km，太平洋の絶海に孤立するイースター島は，瀬戸内海に浮かぶ小豆島より一回り大きな島である。巨大な石像「モアイ」で有名なこの島は，いたるところ浸食によって山肌がむきだしとなって，多くは見渡すかぎり木が1本も生えない不毛の大地となっている。なぜ，この島で巨大な「モアイ」が作られ，島がこうなったかは，いままで謎に包まれていた。しかし，島の人口が爆発して文明が滅んだことが，研究で明らかになってきた。イースター島に人（ポリネシア人）が住み着いたのは，紀元前 1000 年頃。その後，島の人口は増大し，最盛期の 16 世紀の半ばには，7万8,000人にも達した。それに伴い，森林破壊が島全体に及んで，すべての木が姿を消した。

　森林の破壊は土壌流失をもたらす。土壌が流失すれば作物の収量も減る。こうして，膨張した人口によって，限られた島の資源が収奪しつくされたとき，繁栄した文明も滅んだのである。「文化」という言葉は，もともとラテン語のカルチャー（culture）からきたもので，耕作とか栽培を意味している。

共　生　－生態系の形成－
（共棲）　シロアリは1億2,000万年前に出現し，アリやミミズと並んで地球上で最も繁栄している動物の一つである。生物の繁栄の尺度を体重の総量（生物現存量）で測ると，東南アジアの熱帯多雨林のシロアリは 9.41 g/m^2 で，その全体量を推測すると莫大なものとなる。その生物現存量は，温帯のどこにでも広く分布している東北日本のミミズ（17.75 g/m^2）に匹敵する高密度*となっている。

　シロアリは動物が食べにくい木の成分であるセルロースやリグニンを効率的に食べてくれている。もし，シロアリがいないとすると，枯死した植物はゆっくりと分解し，枯れた植物は厚く堆積して地表を覆いつくしててしまうであろう。シロアリはミミズなどと共に地球上の物質・エネルギー循環の促進と安定

---

*　地球上で最も高い密度で獣が生息するアフリカのサバンナの草食獣でおよそ 30g/m^2 という推定値がある。人間は日本では 10g/m^2 となる。半乾燥地にあるアリ塚は内部の気温約 30℃，湿度 100% に保たれていて，およそ 300 万匹のアリがコロニーを作っている。アリ塚の寿命は 100 年以上といわれている。

に大きな役割を果たしている種の一つである。

　シロアリがセルロースやリグニンを食べるといっても，シロアリはこれらを容易に消化することはできない。セルロースを直接分解できるのは，衣服・紙類を食害するシミぐらいである。では，どのようにして消化しているのであろうか。

1)　シロアリの腸内に共生しているバクテリアやべん毛虫によって，セルロースやリグニンを消化しやすい状態に変化させてもらっている。共生(共棲) 微生物とは，生物学で別種の2つの生物が互いに利益を受けながら共同生活をすることをいう。

2)　擬糞と呼ばれる排泄物にキノコ(シロアリタケ)を植え付けることによって分解を促進し，消化をしやすくすると同時にタンパク質の増加をはかっている。

　同様に，バクテリアと共生することによって生きている動物に牛，鹿，ラクダ，キリン，カバ，イノシシなどの偶蹄類がいる。たとえば，牛は容積が100Lもある大きな反すう胃（ルーメン）にバクテリアと原生動物が共生していて，セルロースを分解（発酵）してもらっている。胃の中には，1 mL の中に 10^{10}

表 4-4　メタンの発生源別年間発生量推定値[8]

発生源	発生量*	誤差範囲
自然起源		
自然湿地	115	100〜200
シロアリ	20	10〜 50
海洋	10	5〜 20
陸水	5	1〜 25
メタンハイドレート	5	0〜 5
人為起源		
石炭採掘，天然ガス		
石油産業	100	70〜120
水田	60	20〜150
はんすう動物	80	65〜100
畜産廃棄物	25	20〜 30
下水処理	25	?
廃棄物埋め立て地	30	20〜 70
バイオマス燃焼	40	20〜 80

*　×100万t/年　　八木一行 (1994) による

表 4-5 土壌生物の種類,大きさと数[9]

種　類	大きさ（μm）	土 1g 当たりの個数
地中動物（ミミズを除く）	$100\sim200$	$10\sim50$
原　生　動　物	$(10\sim20)\times(5\sim200)$	$10^3\sim10^5$
ソ　　ウ　　類	$1.5\times(2\sim50)$	$10^3\sim10^5$
糸状菌（カ　ビ）	$(3\sim10)\times(3\sim100)$	$10^3\sim50^5$
放線菌（アクチノミセス）	$(0.5\sim2)\times(0.5\sim50)$	$10^5\sim50^6$
細　菌（バクテリア）	$(0.3\sim2)\times(0.4\sim10)$	$10^6\sim50^8$

（注） 地中動物は,昆虫の幼虫からミミズまであり,その大きさの範囲はきわめて広い.

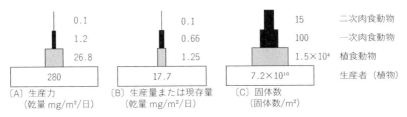

図 4-9　生態ピラミッド[10]
生態系の生物的構成要素を栄養段階別に,低次（生産者）のものから高次（二次肉食動物）のものへと順に積み上げたもの

　畠をたがやしていると　いろいろな虫けらがでてくる　土のなかにも　こんなに　いろいろなものが生きているのだ　こんな小さなものでも　すをつくったり　こどもをうんだり　くいあいをしたり　何をたのしみに　いきているんかしらないが　ようも　まあ　たくさん　いきているもんだ

大関松三郎詩集　「山芋」より

個にも及ぶバクテリアが生活し,牛から餌と好適な環境を得ている.一方,このセルロースが発酵する過程でメタンが発生する.1頭の牛は1日におよそ160 g のメタンをだす.日本全国には,およそ 404 万頭の牛が飼われているので[11],その量は年間 23.6 万 t に及ぶことになる（2023 年）.メタンは二酸化炭素の 21 倍の温室効果があるため,農水省ではメタンの発生メカニズムやメタンを抑制する飼料の研究をしているが,長い生物の進化を忘れてはならない.同様の研究はニュージーランドでも計画されている.

　大地には，多種多様なおびただしい数のバクテリアや微生物が棲んでおり，自然環境の維持にとってきわめて重要な役割を演じている。バクテリアや微生物は地球で最も古い生物とされており，その起源は約 36 億年前（地球の誕生は 46 億年前）にさかのぼることができる。高等動物や植物の出現は 6 億年前であるから，生物の全歴史の約 5/6 の期間は，微生物だけが繁栄してきたことになる。この間に，微生物は地球環境の基本的な関係をつくりだした。

　微生物の密度は，植物遺体やその分解産物などの有機物が最も多い表層約 10 cm で高くなっている。森林のように植物遺体の集積が多いところでは，糸状菌の比率もかなり高いが，一般には細菌の比率が高くなっている。

4-4　針広混交林

　戦後の国土緑化運動で，営林署は広葉樹を伐って針葉樹を植えてきた。ナラやブナなどの広葉樹は薪や炭にしかならない。常識的に造林といえばスギやヒノキなどの針葉樹に限られていた。50 年もすれば，柱や板などの建築材として売れ，林業として成り立ってきたからである。ところが，1996 年 9 月の台風 17 号により富士山の静岡県側を中心に，植えてから 40 年になるヒノキがなぎ倒され，被害は国有林だけで 750 ha におよんだ。復旧にあたって，営林局は，国民参加の森造りを考えた。ヒノキだけでなく，ナラやブナを混ぜる「針広混交林」にして，動物が住み，さまざまな植物が根づき，人が入り込んで楽しめる森にしようというアイデアである。植林には，広くボランティアを募り，ドングリを拾って自宅で苗を育て，数年後に植樹してもらえば森への親近感もわくことになる。

4-5　森林と水

　日本人は 1 日一人当たり炊事，洗顔，ふろ，トイレなどに 262 L（2020年）もの水を使っており [12]，水使用量は世界平均のおよそ 2 倍。家庭生活ばかりではなく，水は，大都市でも文化，教育，スポーツ，レジャーなどの施設の増加によって使用量は増え続けている。もちろん，農業用水や工業用水としても大量に使われていることは言うまでもない。日本は水に恵まれた国である。それは大陸と海洋に挟まれ，梅雨前線，秋雨前線，台風や雪など自然の恵みによ

るものだ。一方，水資源を考えるとき，日本の国土の 66% を占める森林の働きも欠かすことはできない。では，森林の果たす役割とはどのようなものであろうか。

① 森林に降った雨は葉や枝で構成されている樹冠にさえぎられる。

② 樹冠にさえぎられない雨は，地面に到達して地中にしみ込む。

③ その一部は，樹木やシダなどの植物に吸収されて，葉の気孔から再び大気に蒸発する。この現象は蒸散と呼ばれている。

　樹冠や地面からの水の蒸発や蒸散量は，降水量のおよそ 35% に相当する。森林の土壌には，散った葉と共にミミズやモグラ，昆虫などの小動物などの小さな空間が無数にあり，空間は土壌のおよそ 60% を占めているともいわれる。このすき間の中に降った雨は蓄えられる。それゆえ，水のしみ込む速さは，草原のおよそ 4 倍，運動場のような裸地の 10 倍となっている。水のしみ込まない土地は，雨を蓄えることもできない。雨は地表を流れ，土壌も一緒に流してしまい，ときには災害も起こす。森林は土砂流失の防止機能も備えている。森林が雨を蓄える能力があるがゆえ，土壌にしみ込んだ水はゆっくりと流れだし，地下水や川となる。雨が降った後，ゆっくりと水をだす機能を，森林の水源涵養機能という。森林が「緑のダム」と言われるゆえんである。さらに，森林は水を浄化する能力も有している。森林を通ってでてくる水は浄水となる。細かな埃も含んでいない。森林を通った水は，有機物を含むので汚れていると思われるが，土壌中に無数にいる微生物が有機物を分解してくれるので，渓流の水はわずかな有機物を含むにすぎない。その上，土壌粒子には，イオン交換能力があるので，吸着性の強い水素イオンが土壌粒子に吸着すると，ほかの陽イオンが交換されて土壌中に溶けだす。渓流の水は適量のミネラル分を含むので，これが，おいしい理由となっている。この機能を森林の水質浄化機能と呼んでいる。このように，森林には大切な働きがある。森林の保全に関心を持たなくてはならない。土壌（砂と異なり，作物など植物が生育する土地）は，歴史的に長い年月をかけて形成される。その生成速度は，1 年に 0.01～0.1 mm と考えてよい。したがって，厚さ 10 cm の土壌ができるのには，数百年，数千年の歳月を要する。

　2020 年の日本の森林率は 68.40% であり，先進国では唯一 50% 以上の屈指の

森林国である[13]。しかし，国民1人当たりで割ると，とたんに「貧林国」となる。日本は0.2 ha（640坪）/人であるが世界平均では，0.89 ha/人となっている。

魚付き林　海の中でも食物連鎖が成り立っている。植物プランクトンを食べて動物プランクトンが成長する。その動物プランクトンをアジのような小魚が食べる。カツオやマグロのような大型の魚は，イワシやアジを食べて育つ。

植物プランクトンなどの光合成生物は，太陽光と鉄，窒素，リンなどの栄養素がなければ増殖しない。プランクトンが成長するには，細胞膜を通過できる溶存鉄（海水に溶けた鉄）が必要である。プランクトンが成長するに必要な溶存鉄はすぐに消費されてしまうため，海面近くの表層は常に鉄が不足する。暖かい黒潮は，栄養が不足してプランクトンが少ない。

しかし，豊かな森林があり，そこに川が流れていると，腐植土が作り出すフルボ酸あるいはフルボ酸鉄が溶けて海に流れ込み，鉄を供給してくれる。古くから，豊かな漁場の背後には，豊かな森，それも広葉樹林が広がっていて，「魚付き林」として漁民に知られていた。

寒流は，深い海底からの深層海流（流速は年に4m前後）によって作り出される。深層海流には，死んだプランクトンや魚などにより栄養分が豊富になっている。

日本のダムと寿命　2023年の国土交通省の調査では，全国のダムの総数は1,481である[14]。ダムの寿命はコンクリートの耐久性などから50〜100年前後とされている。大半のダムが砂の堆積や汚泥で治水・利水能力を落としている。寿命を迎え，機能を失ったダムが廃止される時代を迎えようとしている。2012年に，55年前に建設された熊本県の大規模な荒瀬ダムの撤去工事が始まり2018年に完了した。アメリカでは国家環境政策法などが整備され，ダムや堰の撤去が7,000カ所を超え，壊された生態系を回復させようとしている。

4-6　国有林はだれのものか

国有林はだれのものであろうか。いうまでもなく，国民全体の財産である。

林野庁は，かつては森林保護論を軽視し，木材生産のための森林経営に力を入れてきた。その結果，動植物をはぐくむ広葉樹林は伐られ，金になるスギやヒノキなどの針葉樹が植えられてきた。戦後から高度成長期にかけて，森林は木材の成長速度を上回る速度で伐採されてきた。3兆3千億円を超える借金にあえぐ国有林野事業の破綻は，そのときの過剰な伐採のつけが一因になっている。皆伐という森林収奪的な経営は，いまや伐るべき森林資源の枯渇を招いている。

　どうすれば，森林を蘇えさせることができるか。たとえば，国立公園内の森林は環境省に移管し，都市の水源となる水源林は，下流の自治体に買い取ってもらうなどが考えられる。目先の収支のつじつまあわせで，国有林の理念なき民間への払い下げは，貴重な国民の財産を，はげ山やゴルフ場に変えてしまうかもしれない。

　老子や禅に「落葉帰根」，〈木の葉が落ちて腐食して根に帰る〉という循環の思想がある。

　自然は豊かであり，人々は自然と共に暮らしてきた。人間にとって必要な暮らしとは何なんだろう。鎌倉初期の道元禅師の言葉に

　　　　　われ　山を愛すとき　山　主を愛す　　『永平広録』巻十
　　　　〈私が山を大切にすれば，山も私を大切にしてくれる〉

がある。さらに，禅師は，次のようにも詠われ，大自然のありとあらゆるものが仏そのものであることを示された。

　　　　　峰の色　渓の響きも皆ながら　我が釈迦牟尼の声と姿と　『傘松道詠歌』
　　　　〈山々の色合いも，谷川の響きも，すべてそのままに，お釈迦さまの声であり姿である〉

　太古，ギリシャ地方は森林におおわれていたという。そこにギリシャ文明が栄えたころ，ひとびとは文明とふえていく人口を養うために乱伐をくりかえした。このあと地面が乾き，山は衰えて岩の肌をあらわにしたままになり，野の多くは沙漠同然になって，その文明が滅んだ。いまヨーロッパ人が森を大切にし，町に樹を植え，樹の一つ一つの生命を介抱してその木陰で人間の生命を保とうとしているのは，遠い祖先が失敗した記憶が牢固として生きているからであり，樹を切ればヨーロッパは亡びるという，恐怖心がヨーロッパ社会の基礎にあるからに相違ない。

　　　　　　　　　　　　　　司馬遼太郎，『善通寺のクスノキ』より

■引用・参考文献

1) World Resouces 1988-89（環境庁資料）.

2) 国連環境計画（UNEP），Environmental Data Report 1993-94（1993），OECD，Environmental Data（1997）.

3) レスター・R・ブラウン編著，『地球白書1990-91』，p.173，ダイヤモンド社（1990）.

4) 環境省ホームページ「令和3年度酸性雨調査結果について」

5) 独立行政法人環境再生保全機構ホームページ，研究課題データベース環境研究総合推進費終了研究成果報告書「大気質変化事例の構造解析と評価システムの構築」（平成26年度〜平成30年度）

6) H. Rodhe, AMBIO, **18**(3), 160（1989）.

7) 国立環境研究所ホームページ「東南アジアの泥炭・森林火災が日本の年間放出量に匹敵する CO_2 をわずか2か月間で放出：旅客機と貨物船による観測が捉えた CO_2 放出」（2021.7.15）

8) 那須淑子，佐久間敏夫，『土と環境』，p.83　三共出版（1979）.

9) 板野新夫，土壌微生物学，Waksman, "Soil Microbiology",（1952）.

10) 及川武久，化学と工業，**43**(11)，1841（1990）.

11) 令和5年畜産統計，農林水産省（2023）.

12) 令和5年版日本の水資源の現況，国土交通省（2024）.

13) Global Forest Resources Assessment 2020，FAO（2020）.

14) 国土交通省ホームページ「気候変動に対応したダムの機能強化のあり方に関する懇談会」第1回配布資料，資料2　ダムを取り巻く現状と諸課題（2023.7.26）.

5

人口増加と食糧問題

5-1 21世紀，地球は人類を養えるか

1999年10月，地球は60億の人口を抱えた。2022年の世界の総人口は約80億人を超えた。地球が養える人の数，人口扶養能力については，研究者の意見はさまざまで，40億人から160億人まで諸説がある。

人間が地球環境にどれだけの負荷を与えているかを知るひとつの指標に「エコロジカル・フットプリント」がある。エコロジカル・フットプリントとは'生態系を踏みつけている足跡'という意味で，カナダの学者らが提唱したものであり，地球が一年間でまかなえる量で人間が生活をしているかが推定できる。

国際組織「グローバル・フットプリント・ネットワーク」によると，世界人口が30億人余りだった1961年には人間は地球0.7個分の生活だったが，1971年には1個分を超え，現在は1.8個分の暮らしになっている。もし，世界中の人々が日本と同じ暮らしをしたら，地球が2.9個必要になる。アメリカと同じなら5.1個，中国なら2.4個，インドなら0.8個となる。

2020年，国連食糧計画（WFP）がノーベル平和賞を受賞した。ノーベル賞選考委員会は，授与理由について「飢餓と闘う努力，紛争影響下の地域における平和実現の条件改善への貢献，飢餓が戦争や紛争の武器として利用されないための努力」を挙げた。特にライスアンデシェン選考委員長は「飢餓や，飢餓の脅威に直面する何百万人もの人に，世界の目を向けたかった」と説明し，「食

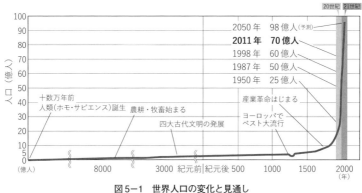

図5-1　世界人口の変化と見通し

料の安定を平和の道具にするための多国間協力にとって，世界食糧計画の役割
は鍵となる」と評価した。それほど現代において，食糧問題は避けて通ること
のできない深刻なものであることの象徴的な出来事であった。WFP のビース
リー事務局長は，受賞時の声明で，「平和がなければ飢餓ゼロの目標は達成で
きない。そして，飢餓があれば平和な世界は来ない」と述べた。

　WWF（世界自然保護基金）と英国の小売り大手テスコが 2021 年 7 月に発
表した報告書によると，世界で栽培，生産された全食品のうち約 40 パーセン
トに当たる 25 億トンの食品が年間で廃棄されていることが分かった。これは
食品ロスの主な指標とされる FAO が 2011 年に発表した年間約 13 億トンの約

図5-2　世界人口と穀物生産（国連の資料）

2 倍の量にあたる[1]。日本では，環境省が発表したデータでは，2021 年度の食品ロス（本来食べられるにもかかわらず廃棄されている食品：売れ残り，規格外品・返品，食べ残し，直接廃棄など）の発生量は約 523 万トン（うち家庭系約 244 万トン，事業系約 279 万トン）と推計された[2]。この食品ロスの値は，2020 年の世界全体の食料援助量（420 万トン）の 1.2 倍の量に匹敵する。

　一方，日本の食料自給率（カロリーベース）は，1965 年に 73％であったものが，2000 年以降 40％前後で推移して低迷しており，2022 年は 38％と G7（主要 7 カ国）で最低である。

日本の食料自給率

　農林水産省は 2022 年度の日本の食料自給率（カロリーベース）で 38％だったと発表。政府は 2030 年度までに自給率を 45％にする目標を掲げているが，2000 年以降からは横ばいから抜け出せずにいる。

　わが国の自給率は 1965 年度には 73％であったが，食生活が変化してコメを食べる量が減ったのに加え，アメリカ産トウモロコシで育った牛肉を多くとるようになったことで低下を続け，1989 年度に 50％を割り込んだ。内閣府の 2006 年の世論調査によると，日本人の 4 人に 3 人が，将来の食料自供給に不安を感じているという。世界の食料自給率と比較すると，フランス 117％，アメリカ 115％，ドイツ 84％，イギリス 54％と並ぶ中で日本の 38％は，先進国の中で韓国の 38％と並び最も低い水準にある。

　一方，都市問題も深刻さを増している。人口が都市部に集中することを都市化という。ブラジルのリオデジャネイロでは，商店の軒先や海岸で寝起きしている子供たちがたくさんいる。リオだけでなくメキシコなどの中南米諸国，それにアフリカ，アジアの大都市にも，家のない子供たちが大勢いる。一説によると，その数は合わせて 1 億人にものぼる。原因は，開発途上国の農村が荒廃したり，地方で職を失って，多くの人たちが都市へのあこがれもあって流入したからだといわれている。

　国連の推計では，今後ますます都市化が進み 2025 年には世界人口の約 3 分の 2 が都市に住むようになり，都市人口の爆発と背中合わせに農村の荒廃が進行すると予測している。都市問題は人類共通の課題となることは間違いなさそうだ。2018 年，世界人口の 55.3％にあたる 42.2 億人が都市で生活している。

　国連開発計画（UNDP）の，1996 年の年次報告書「人間開発報告書」では，誤っ

た成長を，次に示す5つのパターンに分類している。いずれも，もっともなことであるがむずかしい課題である。

> **国連開発計画（UNDP）の「人間開発報告書」による誤った成長**
> ① 雇用を伴わない成長　　② 貧富の格差を拡大する「冷酷な成長」
> ③ 民主主義や個人の社会進出が伴わない「声なき成長」
> ④ 固有の文化を無視した成長　　⑤ 資源浪費型の「未来なき成長」

5-2　人口予測と食糧問題

　FAO などが2022年7月に公表した報告書によると，2021年の世界の飢餓人口は推計8億2,800万人で，2020年から4,600万人増加した。非常に深刻な状況である。国連は2030年までに世界から飢餓をなくす「ゼロ・ハンガー（飢餓をゼロに）」を目標に掲げている。しかし，「達成は困難」との見方を示し，このままでは2030年の飢餓人口は6億7,000万人以上になると予測している。

　地球規模で考えると，いまは食料は足りているとされているが，アフリカや南アジアで大勢の栄養不足に悩んでいる人達がいる。これには流通や配分の問題があるとの指摘もある。

　栄養不足や飢えは，一人ひとりのカロリー摂取量を問題にしている。FAOの基準では基礎代謝量（静かにしているときの必要なカロリー）の1.54倍のカロリーを摂取していれば足りるとしている。日本人に当てはめると基礎代謝

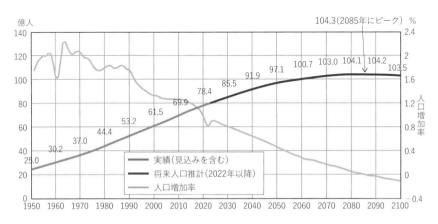

図5-3　世界人口の推移と予測（1950−2100年）[3]

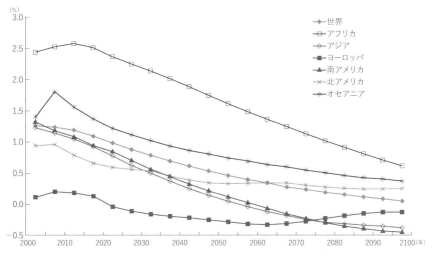

図5-4　世界の地域人口の増減とその予測（中位推計）[4]

量は 1,400 kcal であるので，その 1.54 倍は 2,200 kcal となる。

　2050 年の世界の人口は，国連の中位予測で 97 億人となる。人口増加が 1.3 倍強となり，さらに食事の内容も良くなって肉を多く食べるようになると，食糧は 2.25 倍必要になる。

　問題はこれからにある。それ以後の食糧生産のプラスの要素として，次のことなどがあげられる。

① 需要が増し，価格が上がると休耕地が減る。

② バイオテクノロジーなどの技術革新が進む。たとえば，厳しい環境でも育つ作物ができたり，あるいは収穫量の多い作物などが出現する。

一方，マイナス要因として

① 環境の悪化。たとえば，地球温暖化で作物のできていた所ができなくなる。土壌の流失や，砂漠化の進行，酸性雨で土壌が破壊されたりして耕地が減ったり，地力が落ちたりする。

② 肉の消費が増えるため飼料穀物の需要が増えて，その分だけ人間の食べる分が減る。たとえば，牛肉を例にとると，アメリカのような方法だと肉 1 kg を生産するのに穀物 7 kg が，日本のように手をかける方法だと 11 kg の穀物が必要となる。

一方，悲観論で知られるワールドウォッチ研究所，レスター・ブラウン元所長（現在はアースポリシー研究所長）は，人類は 2030 年頃には深刻な食糧危機に直面すると警告する。いまから，人口の抑制や環境の保全，ライフスタイルの見直し，食糧の流通・配分の改善などに取り組む必要があるとしている。

食料への権利

FAO 元事務局長ジャック・ディウフは，世界食料デーに当たって次のような挨拶をした。(2007.10.15)

「今年の焦点は"食料への権利"である。全ての人々が健康で活動的な生活を送るために，十分な量と栄養があり，文化的にも受け入れられる食料へアクセスができる権利のことだ。世界の食糧生産は，現在の2倍の人口，すなわち 120 億人分をまかなうだけの生産がある。しかし，世界中で8億 5,000万人以上の人々が十分な食べ物がなく苦しんでいる。

食料への権利を認識することは，その権利を認め，守り，実行する責務を政府が負うことを政府に受け入れさせることを意味する。単に飢えている人々に食料を供給すればよいのではない。人々が自分たちで食料を生産できるか，または家族のために常に十分な食料を購入するだけの収入を尊厳を持って得られるようにすることだ。同時に，生産・供給システムを妨害，破壊するような行動からコミュニティーを保護することも含まれる。

飢餓を減らす一層の努力を自国政府に求める人々の働きかけも強まっている。インド最高裁判所が，同国で"食料への権利"が侵害されていると判決を下したが，その一例だ。

食料への権利は国連世界人権宣言で認められている権利であり，経済，社会および文化的権利に関する国際規約を批准した 156 カ国においては，その責務でもある。にもかかわらず，食料への権利の原則を現実のものにするには，まだ多くの課題が残されている。

世界食糧サミットや国連ミレニアム開発目標の一つである"2015 年までに飢餓人口を半減する"という目標を達成するためには，全世界の市民が自分たちの権利を認識し，各国政府がその責任を全うする政治的意志を持たなければならない。食料への権利は実行可能だ。いま必要なのはそれを実行に移すことである。」と。

5-3　世界の水不足

21 世紀は「水の世紀」になるともいわれている。人口増とともに水不足が深刻化している。世界の水需要は，20 世紀半ばに比べると3倍になった。水

問題は経済発展の大きな制約要因になりかねない。2021年にユニセフとWHO
が共同で発表した報告書によると，2020年には，約4人に1人が自宅で安全
に管理された飲料水を得ることができなかったほか，弱い立場にある子どもや
家族が最も苦しんでいる，という大きな不平等も指摘し，さらに以下の点を指
摘した。

・2030年までに，世界人口の81％は自宅で安全な飲料水を利用できるように
　なる一方，16億人は取り残される

・2030年までに，安全なトイレを利用できるようになるのは67％に留まり，
　28億人が取り残される

・2030年までに，基本的な手洗い設備を利用できるようになるのは78％のみ
　で，19億人が取り残される

・2030年までに，誰もが安全に管理された飲料水を利用できるようにするた
　めには，後発開発途上国における現在の進捗率を10倍にする必要があり，
　さらに不安定な状況下では，安全な飲料水を得られない可能性が2倍高く，
　進捗を23倍にする必要がある

　農地の拡大は新たな水不足をもたらし，樹木の伐採は水の保水能力を衰えさ
せる。さらに，流域開発，都市や工業の拡大も水需要をもたらす。こうして水

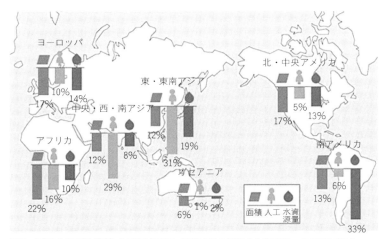

FAO（国連食糧農業機関）「AQUASTAT」の2016年4月時点の公表データを基に作成

図 5-5　世界の地域別水資源量と人口および面積の比較[5]

の需要が供給力を上回る。一方，水害と干ばつが頻繁に起きている。穀物1t
作るのに水1,000tが必要といわれる。食糧は水によって支えられていること
はいうまでもない。世界の水の使用量は年におよそ3兆9,730億t（2000年）。
大陸には年間119兆tの雨が降り，蒸発分を差し引いた45兆tが利用可能な
量となる。しかし，実際に利用できる量は，雨の降る地域や時期が偏在するた
めに限られている。一方，地下水も枯渇している。地下水位の低下は，中国，
インド，中東からアメリカまで広がる。世界の地下水について調べたところ，
農業などに使われている量は，雨水がしみ込むなどしてたまる量の約3.5倍に
上り，過剰に利用されているという。

　日本は世界から大量に食料を輸入しているため，間接的に輸入する水，仮想
水（バーチャルウォーター）*の輸入量は世界一である。日本の2021年の総合
食料自給率はカロリーベースで38％。15年以上ほぼ横ばいである。1965年に
は73％あったのが，下がり続けている。たとえば，牛肉1kg得るのに20tの
水が必要とされる。牛丼1杯あたり2tもの水が使われている計算になるので
大量の「仮想水」を輸入していることになる。

　ダイズやコメ，コムギなど5品種の農産物と，ウシ，ブタ，ニワトリの3品
種の畜産物を得るのに必要な水の量を推計。その結果，これらの農畜産物輸入
する日本は，海外で1年間に約427億tの水を使用すると推計された。うち，
73億t（17％）が灌漑水で，29億t（7％）は地下水と考えられている。特に
アメリカの地下水が15億tで目立っている。

　生態系で循環する雨水や河川水の多くは持続可能な水資源と考えられるが地
下水の一部は化石水とも呼ばれ，蓄積には数万年を要する場合がある。アメリ
カ中部の帯水層地下水などが代表例である。

中国の水不足と
砂漠化　　　　　中国は世界の「貧水国」の一つに数えられている。中国
における砂漠化は全土で169万km²，国土面積の約18％
を占めており，西のタリム盆地から東北地方まで約4,500kmに及んでいる。
毎年，神奈川県に相当する2,460km²ずつ砂漠化は拡大し，中国の人口が16
億人に増える21世紀中葉には，水不足はさらに激しくなると予想されている。

---

* ロンドン大学名誉教授アンソニー・アランが1990年代に提唱し，近年改めて注目されている。

（現在の 1.4 倍強の水資源の確保が必要とされる）水の確保は中国全土の課題で，水不足が「中国の経済成長を制約する最大の要因」，になりかねない。中国の水の使用量は 1950 年には 1,000 億 t であったが，現在は 5,000 億 t と 5 倍になっている。

　水不足の基準である一人あたりの水資源が年間 2,000 t 未満の地域は，31 の省・自治区・直轄市のうちの 15 に及び，北京，天津，山西など 9 つの省・区・市は 500 t を下回っている。約 670 都市のうち 400 あまりが給水難といわれる。とくに，「中国文明の母」，とされている黄河は水の枯渇に直面している。水資源が長江の 1/19 しかない黄河の下流は，水不足により広い川幅をわずかな水流があちこちと流れを変えている。その水も干上がり，川底が現れ，川が海に届かない「断流」現象が 1972 年に始まり，97 年には最悪の 226 日を数えた。原因は，降水量の減少や農業・工業・生活用水の需要増，灌漑の不備による浪費，ダム，天井川化（開封では平野部より 13 m も高い）などさまざまな要因が絡んでいる。また，水質汚染により 150 の魚種の 1/3 に絶滅のおそれがあるといわれている。

　地下水位の低下も深刻だ。中国では上海から北京にかけた一帯で近年，地下水位が年平均 1.5 m も低下し，中国の穀物生産の約 40 ％を占めるこの地域での灌漑用水の不足が深刻化している。とくに，北京周辺では 2010 年に灌漑が不可能になり，降雨に頼る非効率的な農業に切り替えざるを得ない状況が続いている。

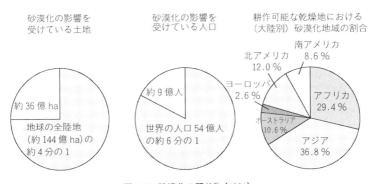

図 5-6　砂漠化の現状[6]（1991）

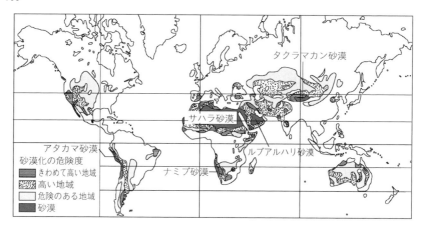

図 5-7　世界の砂漠と砂漠化の予測[7]

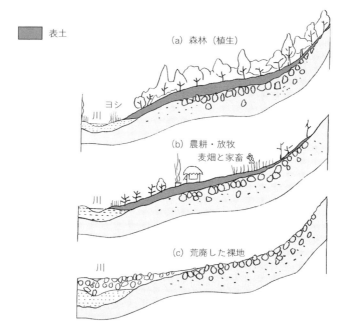

図 5-8　農耕牧畜による自然破壊

（a）斜面の土壌はそこに生育している森林によって保持されている。（b）耕作のために森林が伐採される。（c）土壌は侵食によって斜面を押し流され，谷底の沖積平野に堆積する。

日本の水資源　　国土交通省の「令和4年版日本の水資源の現況」によると，1975〜2019年の間，必要な水の量は確保されており，2019年における全国の水使用量は約800億 m³ であった。この値は水使用量がピークだった1995年に比べて，88%に減少している。

日本人の一人一日平均使用量は，2019年において286 L となった。ピークの1995年に比べると89%に減少したが，ここ5年は横ばい傾向である。

5-4　砂漠化の防止

1996年12月26日，国連で「砂漠化対処条約」*が発効された。現在，世界の陸地の1/4で，「砂漠化」が進行しつつある。この面積は日本の国土の100倍にあたり，世界で9億人が影響を受けている。

土地の劣化の結果，今後30年間で1億3,500万にもおよぶ人々が困窮による移住を余儀なくされる恐れがある[8]。条約の締約国は，気候変動防止対策や環境破壊につながる土地利用を排除して，土壌の浸食，劣化の防止措置を取ることになっている。

人間は，もともと自然の再生力に頼って生活をしてきたが，人口の増加によって，地力が回復しないうちに耕作をし，新しい耕地を次々と求めている。

木が伐採され，風雨によって表土が流失し地表がむき出しとなる。そして，異常気象が起き，自然が砂漠化を加速する。砂漠化が進めば食糧は得られず，人口は都市に集中する。大地は自然の再生力を越えると劣化し不毛の地と化す。

砂漠化が起こっている国の多くは発展途上国であり，自国だけでは解決は不可能である。先進国は砂漠化防止のための支援をする一方，当事国は自然環境と調和した農業を行う必要がある。

5-5　中国の食糧問題

中国の食糧問題について，アメリカの1990年代，当時ワールド・ウオッチ研究所長のレスター・ブラウンは，中国はやがて食糧の輸入大国となり，世界

---

*　1996年に採択された国連の「砂漠化対処条約」は，砂漠化を，乾燥地や半乾燥地で，干ばつや人間の活動などによって土地が劣化し，生産力が落ちる現象と規定している。いわば，砂漠でない土地が砂漠に似た状態に変化していくことを指す。

の食糧需給に大きな影響を与えると指摘し，1994 年に『だれが中国を養うのか』を発表した。

2020 年 8 月，中国社会科学院は，第 14 次五カ年計画（2021～2025 年）の終わりには 1 億 3,000 万トンの食糧（小麦，米，トウモロコシなどの穀物類や，芋類を指す）が不足すると発表し，大きな話題を呼んだ。2012 年より 8 年連続で中国の食糧生産量は 6 億トンを超えているのに対し，その一方で中国は毎年 1 億トン以上の食糧を輸入しているのが現状である。この「矛盾状態」を引き起こしている最大の要因は「大豆」である。大豆の輸入は急激に増加しており，現在大豆の 85％～90％を輸入に頼っている（ちなみに中国の大豆輸入量は世界輸入量の 60％を占めている）。2019 年の大豆の輸入は全食糧輸入量の 70％を占めている。これらの輸入大豆の用途は，家畜の飼料や油の原料である。2016 年の中国の大豆の自給率はもはや 13％となってしまった。

さらに，中国の都市化と農業人口の高齢化が，食糧事情に影を落としている。2020 年の中国の都市化率は 60.6％であり，毎年 1％前後のペースで都市化が進んでいる。中国社会科学院も 2025 年までに中国の都市化率は 65.5％に達すると予測しており，14 億人の 5％，すなわち約 7,000 万人が都市住民になると考えられる。社会科学院は，今後 5 年間で 8,000 万人以上の農村人口が都市人口に組み込まれると推定しており，農業労働者の割合は約 20％に低下すると推定している。2018 年現在中国の 65 歳以上の割合は 16.8％（中国統計年鑑 2019 年版）であり，国連の予測よりも 7 年以上も速いペースで高齢化している。中国社会科学院によれば，これが 2025 年には農村では 60 歳以上が 25％以上になるとしている[9]。

一方，国連統計によれば，中国の 2016 年の食用野菜・果実などの輸出量は 1,066 万トンで，10 年前の 35％増である。しかし，輸入量はこの 10 年で 1.9 倍に急増し，輸出を大きく上回り，中国は野菜・果実でも輸入国になってしまった[7]。まさに，レスター・ブラウンが指摘した「だれが中国を養うのか」という状態に，世界は陥りつつある。言い換えれば，中国の食糧需給は，世界の食糧事情や環境を左右しかねない状況になっているのである。

とくに，中国の穀物需給は世界の食糧事情や環境まで左右しかねない。「コメと小麦は当面自給できる」と専門家は見るが，2006 年の大豆の自給率は

34%に低下し，世界の総輸出量の43%を1国で輸入した。また，トウモロコシは，今後の動向を左右する作物として注目される。人口は2030年ごろに最大となるが，耕地の拡大は望めず，水不足も深刻化し，生産高の大きな伸びは期待できないといわれている。

世界中の穀物が平等に分配されれば，飢えはなくなる。食糧危機は農業生産より，分配の問題ともいわれる一面もある。しかし，いまの市場メカニズムで，正しい分配は可能となるであろうか。さらにバイオ燃料問題が生じてきた。

中国の土地の27%がすでに砂漠化[*]

中国荒漠化和沙化状況広報（国家林業局2015）によると，2014年時点で砂漠化した土地の面積は261.16万平方キロである。これは中国の国土面積の約27%に相当する広さであり，中国西北部の乾燥地の大部分が砂漠化の影響を受けていることになる。1994年から1999年にかけて砂漠化面積は増加傾向で非常に深刻であったが，1999年以降は少しずつ減少する傾向に転じ，1999年から2014年にかけて6.24万平方キロ減少している。中国では広大な面積に影響を及ぼす砂漠化に対処するために，積極的な対策を進めてきている。特に砂漠化をもたらす主要因とされる過放牧，過開墾，過伐採を禁止し，草原や森林の保護，回復に努めている[10]。

中国の表土流失

中国では，森林が減って土砂流失が続いている。表土流失は年間，長江（揚子江）流域で5億t，黄河流域で11億tと推定されている。失われた土壌に含まれる栄養分は，窒素，リン，カリに換算すると4,000万tに相当するといわれる。中国の保安林は，森林の9%しかなく，長江の中流域の森林の被覆率は四川省で13%，雲南省で25%と少ない。日本は，国土の67%をしめる森林のうちの31%が保安林といわれる。

「砂漠とハゲ山の黄河流域は，中国5千年の歴史が森林を破壊した結果である」，「人々は伐採を繰り返して森林を利用するだけで，管理と保護を怠ってきた」，「そのため，どれほど中国は高い代償を払ってきたか，もはや森林の回復は困難かもしれない」，と政府の高官は述べている。中国ではこれまで，開発した農地を森林や草原に戻す「退耕還林」や「保持水土」「封山緑化」などの

---

[*] p.104の値と異なるが，これは砂漠化の程度により数値が異なるためである。

スローガンが掲げられ，異例の対策を実施してきた。

　しかし，山の傾斜地や乾燥地を森林に戻す「退耕環林」も 2007 年ストップした。退耕環林は，乱伐が原因とされた 1998 年の長江の大水害を機に始まったが耕地面積が 2006 年に食料確保の生命線とされる 1 億 2,000 万 ha 割れまで 200 万 ha を切ったからだ。

　土壌の流失は中国だけではない。アメリカの土壌浸食をみると「世界のパンかご」といわれる中央部の穀倉地帯における表土流失が早晩，世界の食糧事情に大打撃を与えるとの心配がある。アメリカ政府の土壌保全局によると，表土流失量は，年間 64 億 t と見積もられ，その量は，日本の耕地全体に表土を，約 8 cm の厚さで敷きつめた量に匹敵するといわれている。

5-6　レスター・ブラウンの警告

　レスター・ブラウンはさらに，1996 年 11 月，ローマで開かれた「世界食糧サミット」を前にして，提言を本にまとめ出版した。タイトルは「Tough Choice（つらい選択）」となっている。内容は，飢餓に苦しむ人をなくすためには，畜産物への消費税を導入すべきだとして関係者の注目を集めた。さらに，畜産消費量が伸びて，アジアを中心に穀物消費量が激増する一方，農地の減少，水資源の不足，単位面積当たりの収穫量の伸びなやみ，地球温暖化の進行や穀物価格の高騰などによって，食料不足に直面すると予測している。

　穀物価格の高騰は貧しい人々にとって死活問題であり，政治不安をまねきかねない。畜産物への課税で飼料穀物の消費が抑制され，世界の政治と経済の安定につながるとしている。食肉の消費量の拡大は，多量の穀物消費につながる。たとえば，肉 1 kg を生産するために必要な穀物量（トウモロコシ換算）は牛が 11 kg，豚が 7 kg で鶏が 4 kg，鶏卵 3 kg という試算はよく知られている。（2008 年，農水省資料）

　レスター・ブラウンが，世界の食糧危機に警鐘を鳴らしたのは 1994 年であった。ところが，アメリカ政府が生産調整を廃止し，作付けを自由にしてから，農家は相場の高い穀物を意欲的に作り始めた結果，シカゴの穀物相場は沈静化した。儲かるからたくさん作る，単純な市場メカニズムが作用したからである。食糧不足になるはずの中国でも，トウモロコシの豊作に，むしろ悩んでいた。

政府が買い上げ価格を引き上げ，農家の生産意欲を刺激したためだ。しかし，穀物生産の有利さが薄れたときが心配となる。生産意欲がそがれれば生産量の減少を招くことになりかねない。

　世界的にみれば，食糧危機は将来の問題ではない。北朝鮮で見られるように，世界のどこかで現実に起きている「いまの問題」なのである。

5-7　農業の見直し

　20世紀文明の特徴の一つは工業化と都市化にあった。そこでは，農業を前近代的なもの，非生産的なもの，そして次元の低いものとして捉えて，工業を新しい時代の推進力と位置づけてきた。20世紀，人類は科学技術の飛躍的進歩の中で，工業化による豊かな社会の実現を目指してきた。それは，同時に地球規模での環境破壊をもたらすにいたった。

　温暖化防止京都会議（COP 3）では，温室効果ガスの削減率をめぐり各国の駆け引きが展開され，環境問題は，世界経済の問題と捉えられてきた。

　地球危機を乗り越える経済とは何か。そのモデルを農業に求めることができるであろうか。農耕とともに始まった環境破壊であるが，しかし，農業は数千年を越える歴史のなかで，自然と共存する知恵も積み重ねてきた。工業文明が見過ごしてきた農業の豊かさの見直しがいま迫られている。

自然と調和した農業技術の研究　化学肥料を使用しなければ，世界の食糧生産は6割に減ってしまう。農業もまた，工業化の矛盾に取り込まれている。温暖化による気候変動によって，干ばつや農地の砂漠化が進行し，世界的な規模での食糧難が起こる危惧を多くの人が抱いている。

　地球には平均18 cmの土壌と15 kmの大気圏しかない。生きとし生きる生物はすべてそこで生存している。

　農業は，いかに生態系のなかでうまく生産を持続して行くかにかかっている。20世紀文明の，自然を征服するといったおごった姿勢ではなく，自然の摂理に従って，自然とともに生きていく持続可能な農業の模索が必要である。

　日本の農業の中心になってきた水田は，稲だけでなく昆虫や微生物など，生態系を最大限に利用しながら発展してきた。水田は環境にとってとても負荷が少なく，1千年，2千年と連作ができるという良い点がある。これは，大変重

要であって，水田に水を張ることで，線虫のような有害微生物が死んでしまうため連作障害も出ない。さらに，水田は環境を保全する能力を持つ。すなわち，土壌浸食を防止でき，また，水質浄化機能を有するので，循環型農業が可能になっていることである。しかし，経済が発展すると物質循環に狂いが生ずる。たとえば，「農作物を輸入する」ということは，その「農作物が育った土壌の養分」を輸入したことと同じことになる。当然，作物を育てた土地は栄養分を失ってやせていく。

　農業生産をしながら，環境を保全する技術を作る必要がある。もう一度，工業化による大量生産を前提とした豊かな社会ではなく，生き生きとした文化や生活が持続できる，農業を取り込んだ経済社会を作る必要があるのではなかろうか。

　本来，豊かさとは，「人間の心が豊で，一人ひとりの人間が，人間らしく生き生きと暮らしていくこと」ができる状態をさすのではなかろうか。20世紀を通して追求してきた豊かさは「まやかしの豊かさ」だったのであろうか。当分の間，グローバリズムが進行するなかで模索が続くであろう。

　　土の上に生れ，土の生むのを食うて生き，而して死んで土になる。
我儕は畢竟 土の化物である。

徳富蘆花，『みみずのたはごと』より

5-8　アンモニア合成と人口

人類は窒素肥料なしに生きられるか　農地では毎年，作物が育てられ，収穫物が取り去られる。したがって，土壌は外部から植物の栄養分となるものが与えられない限りしだいにやせて植物の生育に適さないものとなる。食糧の多くの部分は，都市で消費されている。現代社会は，「農」の基本である物質循環を断ち切っている。

5-8-1　植物と窒素

　20世紀の100年間に，人類はその数を約4倍に増やした。過去に例をみない人口の大爆発が起きた背景の一つには，アンモニア合成という発明をあげることができる。人類はこれまでさまざまな努力を重ねて食糧増産に励んできた

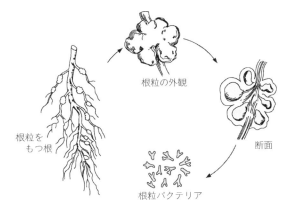

根粒の外観

断面

根粒を
もつ根

根粒バクテリア

図5-9　根粒と根粒バクテリア

が，農作物の生育に不可欠な窒素分の不足が大きな障害となって，思うように
生産性が上がらなかった。

　あらゆる生物は，有機物（炭素，水素，酸素，窒素）と水が主成分で，構成
元素のなかで窒素の占める割合は大きくはないがきわめて重要である。炭素，
水素，酸素の3元素は生物が簡単に利用できる形で自然界に豊富に存在する。
しかし，窒素はその大部分が大気中に存在するにもかからわず，利用できる形
で地上に存在する量は多くはない。

　窒素が生物にとって決定的に重要な役割を果たしているのは，遺伝子DNA
とRNAの構成元素として不可欠であるからである。生物を作っている各種タ
ンパク質，たとえば，酵素などのさまざまな反応を担う触媒や，情報伝達を担
う物質とその受容体，さらには細胞の骨格物質なども，窒素なしでは形作るこ
とができない。

　人類は，このように重要で代替がきかない窒素分を，他の高等動物と同様に，
大気中の窒素を直接利用できないため，その全量を食物から摂取している。植
物でさえ，大気中の窒素を取り込むことができないのは，大気の78%を占め
る窒素が非常に安定な分子として存在し，反応性が低いことによる。

　空気中の窒素分子を生物が利用できる窒素化合物に変えることを「窒素固定」
という。雷によって大気中の窒素分子の結合が切れて反応性のある化合物に変
わることがあるがその量は多くはない。窒素固定能力を有するある種の細菌に

根粒菌（バクテリア）が存在する。根粒菌はダイズやアカシア，レンゲなどの豆科の植物の根に共生してコブ（根粒）を作り，そこで活発に窒素固定（ある種のアミノ酸をつくる）を行い，宿主の植物に窒素養分を提供している。

今日では，おびただしい数の藻類，細菌，糸状菌が空中窒素を多少とも固定する能力を持っていることが見いだされている。日本では古くから，レンゲを農閑期にまいて，共生する根粒菌が固定した窒素分を肥料代わりに利用するいわゆる「緑肥」を行ってきた。緑肥を使う有機農業は，20世紀初頭，インドネシアのジャワ島やエジプトのナイル川のデルタ地帯，ドイツを中心とする北西ヨーロッパ，中国の各地で活発に行われていた。

土壌中の窒素化合物は，植物が吸収したり，さまざまな自然の作用によって消失し常に不足している。そのため，アンモニア合成が出現する以前は，田畑に窒素を供給するために，農作物を収穫した後に出る残りや，人間や家畜の排泄物（いわゆる有機肥料）を肥料として用いてきた。しかし，こうした有機物は，窒素の含有率が低く，作物を収穫するには膨大な量が必要となる。

5-8-2 耕地と収穫量

緑肥と人間や家畜の排泄物の組み合わせで，農地1 ha当たり年間約200 kgの窒素を供給することが可能となる。年間を通じて気候が温暖で，適度の雨が降れば，この窒素量で1 ha当たり約200〜250 kgの植物性タンパク質を生産

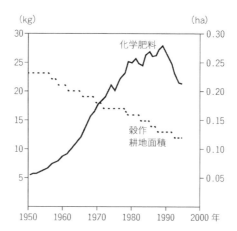

図 5-10　世界の1人当たり穀作耕地面積と化学
肥料使用量（1950〜1995年）[11)]

することができる。この量で 15 人の人間を養うことができるが，この数字は理想的な場合であって，実際にはこれより常に低くなる。今世紀初頭の中国では 1 ha 当たり 5 〜 6 人であったし，19 世紀の伝統的な有機農法を採用していた北西ヨーロッパの肥沃な農地でも，約 5 人であった。実際の農地 1 ha 当たりでは，気候や病虫害などにより，養える人数は 5 人となり，理想の 15 人とかけ離れている。

5-8-3　アンモニア合成

19 世紀，農芸化学が次第に発展するにつれて，人類は食糧生産における窒素の重要性と農地の窒素不足に気づき始めた。窒素，リン，カリウムという肥料の 3 要素のうち，リンとカリウムの不足は窒素ほど頻繁に発生せず，また容易に是正できることもわかった。カリウムはカリウムを含む鉱物から，また，リンはリン鉱石から得られる。しかし，窒素肥料についてはこうした簡便な方法がなく，いくつかの研究と製造がなされ実行に移されたが，その生産量はわずかなものであった。

さまざまな試みの末，ドイツの化学者，ハーバー（F. Haber）とボッシュ（K. Bosch）は触媒を用いて 500℃，200 気圧という高温・高圧下，水素と窒素ガスからアンモニアを合成することに成功した。

$$N_2 + 3H_2 \longrightarrow 2NH_3$$

1913 年，ドイツのオッパウに世界初のアンモニア製造工場が完成した。やがて，オッパウ工場の生産能力は増強され，年産 6 万 t に引き上げられた。ア

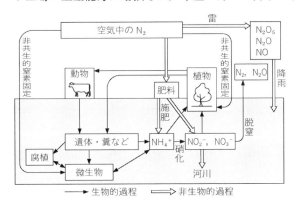

図 5-11　大気・大地をめぐる窒素元素の循環[10]

ンモニアは肥料原料であるばかりではなく火薬の原料にもなる。この工場の稼働によってドイツは第一次世界大戦中，爆薬の全量を国内で調達することが可能になったことはよく知られている。ハーバー・ボッシュ法（I.G法）によるアンモニアの生産は，大戦後経済が停滞したため，1940年代までは年間500万tを下回っていたが，1950年代に入ると再び伸び始め1,000万tに達した。1960年代に入り新たな技術革新により，合成に必要な電力が90％以上削減されると同時に，工場は次第に大型化し，経済効率が高まって行った。その結果，アンモニア生産は飛躍的に増大し，1980年代後半には8,000万tを上回るようになった。今日，この方法で毎年約1億4,000万tのアンモニアが生産され，化学肥料や合成繊維などの原料として欠かせないものとなっている。世界人口の40％を養っているという。窒素肥料が，農業を劇的に変えた。

5-8-4 人口爆発とアンモニア肥料

1960年代前半，窒素肥料の消費の90％を富める先進国が占めていたが，その比率は年々減少し，1988年には50％まで低下した。以後，途上国での消費が先進国を上回り，現在では窒素肥料の60％以上を消費するにいたっている。

今日，窒素肥料は全世界の農地に年間約1億7,500万tが散布されており，その約半分の量が農作物に吸収されている。これからすると，合成窒素肥料は，農作物が取り込む窒素量の約40％をまかなっていると推定される。一方，人間が摂取するタンパク質中の窒素分の75％は農作物か，あるいは農作物を飼料として与えられた家畜に由来する。残る25％分は魚や他の動物のタンパク質から摂取している。つまるところ人間が摂取するタンパク質の30％は，合成肥料に由来する窒素でまかなわれていることになる。

耕地の不足や荒廃で，伝統的な農業で収量増大が見込めなくなった国は，合成窒素肥料に依存せざるを得ない。1ha当たり年間約100kg以上のタンパク質を作り出している国はすべてこの部類に属する。たとえば中国，エジプト，インドネシア，バングラデシュ，パキスタンやフィリピンなどである。

5-8-5 窒素肥料による環境汚染

反応性を持つ大量の窒素肥料の使用は環境へ大きな影響を与える。たとえば，人間が，窒素を飲料水に溶けている硝酸塩の形で摂取すると，幼児では血液中のヘモグロビンが酸素を運べなくなるメトヘモグロビン血症（身体が青ざめる

ことからブルーベビー病ともいわれる）を起こす。また，河川や湖沼への窒素分の流入は「富栄養化」をもたらす。そこでは，藻やシアノバクテリアなどが大量に発生する。その腐敗に際し，大量の酸素を消費するため酸欠状態が起こり，魚などの大量死につながる。一方，農地に残留する窒素化合物は，土壌を酸性化させるだけでなく，土壌中の細菌の働きで一酸化二窒素 N_2O（亜酸化窒素）ガスが生じ，大気中に放出される。このガスは活性化された酸素と反応することによってオゾン層を破壊する（NO_x サイクル）。また，このガスは地球温暖化をも促進する。

$$NH_4^+ （アンモニウムイオン） \xrightarrow{酸化} NO_2^- （亜硝酸イオン）$$

$$NO_2^- \longrightarrow NO_3^- （硝酸イオン）$$

一度放出された N_2O は大気中に 100 年以上も止まり，CO_2 の約 265 倍も地表からの熱を吸収する。さらに，窒素肥料を食べた微生物は一酸化窒素 NO を大気中に放出する。その放出量は工場や自動車が排出する総量より多いとされている。

NO は太陽光のもとで大気汚染物質（有機化合物）と反応して光化学スモッグの原因となる。このように窒素化合物は，それが適量ならば肥料として働き植物の生育を盛んにするが，多すぎれば敏感な生態系にとって有害に働く。

5-8-6　有機農法の可能性

バイオテクノロジーによって，稲や小麦などと共生して，宿主に窒素養分を供給できる根粒菌が誕生するかもしれない。こうしたアンモニア肥料を使わない解決策は理想であるがすぐには実現しそうにない。人類は，世界の人口がピークを迎えるまで，食糧を確保するために合成窒素肥料を増産し，使い続けるに違いない。

一方，人々が肉食の度合いを減らせば，ある程度まで窒素肥料の需要を抑制することができるが，これも困難と思われる。食肉の生産にはより大量の窒素肥料が必要である。同じ量のタンパク質を生産するのに要する窒素肥料の量は，動物性タンパク質では，植物性タンパク質の 3 から 4 倍も必要である。

合成肥料の抑制の最も現実的な方法は，有機農法の積極的な推進である。輪作や豆科の作物の栽培，土壌保全，さらには有機廃棄物の肥料化などを積極的に進める必要がある。しかし，昔ながらの有機農業だけでは，現在の 77 億人

（2019年）の世界人口を養うことはできない。現在は，少なく見積もっても，27億の人間が合成肥料の成果によって生命を維持している。人類は，たったこの100年足らずで，これほどまでも合成肥料，化学に依存して生きるようになってしまった。

5-9　施肥基準

現在の施肥基準は，作物の高品質・高収量を前提にしたもので，地域によって異なっている。ある県の窒素肥料の施肥基準を作物別にみると，10アール（a）当たり，米が7kgであるのに対して，露地野菜のダイコンは42kg，施設（ハウス）野菜のナスが65kg，茶は80kgとなっている。しかし，現実はこの施肥基準を上回る肥料の投入がされている。施肥された窒素肥料のうち，作物に吸収される窒素量は驚くほど少なく，作物によっては，基準量の1/6しか吸収されていないケースも報告されている。余分の窒素分は，土壌中で硝酸性窒素となって雨などに溶け込み，地下水に浸透する。

近年，一部の地域において，必要量を越えた過剰施肥などに起因する硝酸性窒素，および水田からの肥料分を含んだ水の流失や家畜の糞尿の野積などによる地下水の汚染が発生している。現在，日本では糞尿の野積は禁止されている。

肥料過剰による農地の土壌問題は，窒素だけにとどまらない。アオコの発生の原因とされるリン酸の過剰施肥土壌も増えている。1988年の土壌調査によると，土壌100gに100mg以上のリン酸過剰土壌が，露地栽培の畑では42％，果樹園で62％もある。いまや，「ハウス栽培では，9割以上が過剰土壌」といわれている。

こうした状況のなかで，施肥基準の見直しや施肥管理，輪作など，栽培方法の見直しを始めたところも出始めているが，主流になるには時間がかかりそうだ。もちろん，硝酸性窒素やリン酸による水質汚染は，化学肥料ばかりでなく，家庭から出る米のとぎ汁や食べ残しなどによる生活排水も大きな発生源になっていることはいうまでもない。

臭化メチル，先進国2004年に全廃

オゾン層を守るモントリオール議定書の採択10周年を記念して，カナダ・モントリオールで開かれた第9回締約国会議（150カ国の政府代表者らが参

加）は，1997 年 9 月，日本や欧州で土壌の燻蒸剤*として広く使われている農薬，臭化メチル CH_3Br（オゾン破壊力（ODP）0.6）について，先進国が 2004 年末に，発展途上国が 14 年末でそれぞれ生産と使用を全廃することに合意し，先進国と途上国の一致がみられた。しかし，同じように破壊力のある代替フロンについては，全廃時期の大幅前倒しは先送りされている。

　日本の臭化メチルの生産量は，当時アメリカ，イスラエルに次いで世界第 3 位であった。先進国は，これまでは，2009 年末に全廃したが，途上国については全廃時期が決まっていなかった。

5-10　遺伝子組換え作物（GMO, genetically modified organisms）の解禁

　アメリカでは 1990 年代の半ばから，人手と農薬の使用量を減らし収穫量を増やす目的で，遺伝子組換え作物（GM 作物と呼ばれる）が登場し，除草剤や害虫に対し強くしたダイズやトウモロコシの栽培が盛んになっている。

　国際アグリバイオ事業団（ISAAA）の 2014 年の報告書によれば，1996 年に遺伝子組換え作物の商業栽培が開始されてから，世界の遺伝子組換え作物の栽培国とその作付面積は年々増加し，2014 年の時点で 1 億 8,150 万 ha となっている。主な作物は 4 品種であり，全世界のトウモロコシ作付面積の 30%，ダイズで 50%，綿花で 14%，ナタネで 20% となっている。その間，世界の遺伝子組換え作物の栽培国は 28 カ国，世界の栽培面積 15 億 ha の 11% に及んでいる。栽培の普及率が高かったのは発展途上国・アジア圏で，世界の作付面積の 3 分の 1 以上を占めている。特に，インド，南アフリカ，フィリピンでは，遺伝子組換え作物の栽培面積が飛躍的に伸びている。また，限定的であるが，2009 年，日本も遺伝子組換え作物の栽培国となった。

　さらに，2015 年までには，約 40 か国で 2,000 万の農業生産者が 2 億 ha の遺伝子組換え作物を栽培すると予測していた。

　いまや世界人口のうち半数以上の人々が遺伝子組換え作物が栽培されている国々に住み，36 億人が経済的，社会的に組み込まれている。

---

*　有毒ガスを発生し，病菌および害虫を殺す薬剤。

開発はアメリカの農業化学会社モンサントなどが先行するほか，ヨーロッパの農薬会社なども研究開発を進めている。日本でもイネや野菜など本格的なGM 作物の開発が 6 社で行われている。

遺伝子組換え作物は，バイオテクノロジーの一つで，生命の根本的なところの遺伝子を操作して（組換えて）作り出したものである。これに対し，ヨーロッパ（EU）や日本では人体や生態系への影響を懸念する声が広がり，生産重視のアメリカと安全重視の EU や日本との対立が鮮明となっている。

日本では 1996 年 10 月，厚生労働省は安全を確認したとして遺伝子組換え作物 4 種，アメリカとカナダ産のナタネ，ダイズ，トウモロコシ，ジャガイモの輸入を認めた。見た目は普通の作物と変わりがないが，ナタネとダイズは除草剤に強く，トウモロコシとジャガイモは害虫に対して強くなっている。アメリカでは日持ちするトマトが 1995 年から市場に出回っている。

遺伝子組換えによって，省力化（人手がかからない）ができ，コストダウンがはかられ，量産効果による食糧増産が期待される。しかし，一方で花粉などを媒介して除草剤に強い雑草が生れる心配がある。除草剤に強い遺伝子が雑草に移行すると，抗生物質に強い細菌が出てくるのと同じように，除草剤に強い雑草が生まれる心配がある。また，遺伝子組換えによって，特定の虫を殺す成分（虫の消化器系を破壊するため生物農薬といわれる）を有する作物を長い間，人間や家畜が食べたらどうなるか，など安全性の問題も生じる。

自然作物は何百，何千年もかけた農民の努力によって品種改良がなされ，危険性がないものが残ってきた。いわば，「自然環境の長い時間をかけてリスク評価してきた結果」の産物である。自然界は無数の生物の関連で成り立っており，生態系の仕組みが完全に解明されているわけではない。

遺伝子組換え技術は農作物に限らず，花粉の出ない杉，マツクイムシに強い松など樹木の改良にもおよんでいる。特にナズナの遺伝子を組み込んだ生長の早いユーカリは，オーストラリアや中国の内陸部などの乾燥地帯でも栽培が可能なため注目されている。しかし，遺伝子組換え植物の野外試験や利用に関する農水省の指針は，適応対象がまだ農作物に限られており，樹木にはない。

遺伝子組換え作物の国境を越える移動に関する手続きを定めた国際的な枠組みに 2000 年に採択された「バイオセーフティーに関するカルタヘナ議定書」

がある。輸入先で花粉が飛んだり，種がこぼれ落ちたりして組換え作物が自生し始めると，生息地を拡大して在来種を駆逐するなど，生態系に被害をおよぼす可能性が指摘されてきた。

　遺伝子組換え作物が登場してからまだ35年しかたっていない。いずれにしても，開発がどんどん進み，自然界にない作物が作られている今日，われわれはそれらの環境への影響をよく調べ「問題点は何か」，を知る必要がある。

　日本では遺伝子組換え作物は，人体への影響を心配する消費者の反発が大きいのに加え，飛躍的に生産量を増やしたり，味をよくしたりする品種の開発には多額の費用がかかることから開発を断念する企業も出てきた。一方，食品としての安全性を確保するため，遺伝子組換え作物から作った食品（遺伝子組換え食品，GM食品という）を輸入・製造する業者に，2001年4月から食品衛生法に基づく国の安全審査を義務づけることが決まった。これまで，厚生労働省が安全性を確認した遺伝子組換え食品には，ダイズ，トウモロコシ，ジャガイモ，ナタネなど8作物，168品種の販売流通が認められている（2012年）。

　ところが，2019年4月には，遺伝子組み換え食品の表示ルールが変更された。原料に遺伝子組み換え作物を使っている場合は表示義務がある一方，これまでは，一定の分別管理をしていれば，結果的に5％以下の混入があっても「遺伝子組換えでない」と表示できた。この理由は，農作物の輸入では，組み換え作物と混ざらないように管理していても，過去に組み換え作物を保管したコンテナを再使用した場合などに，少量混ざってしまうことがあるためだ。しかし，消費者に誤解を招くとして基準を厳格化するよう，消費者庁の有識者会議が2018年に報告書を出し，それに沿って「遺伝子組換えでない」と表示できるのは「不検出」の場合のみとなった（2023年4月に完全実施）。一見，大きく前進したように見えるが，「不検出」の場合というのは，倉庫，運搬船など畑から流通ルートまですべての過程で完全に混入しないことを指し，それは物理的に相当困難であることから，市場から「遺伝子組換えでない」と表示できる食品はほとんどなくなることになる。つまり，消費者の「選ぶ権利」を阻害することで，実質は「改悪」といわざる得ない。

　バイオエタノール製造で問題となっているアメリカのトウモロコシは，2008年遺伝子組換え（GM）の割合が8割を超えている。エリック・エリクソン，

アメリカ穀物協会代表特別補佐は「我々は 10 年以上 GM 食品を食べてきたが，命にかかわる病気になった人はいない。政府による安全評価の手法も確立されている」と理解を求めている。食品以外の遺伝子組換えとして，たとえば，観葉植物として日本で青いバラが作りだされている。

　一方，動物では，① ブタに人間の遺伝子を入れて臓器移植を可能する。② 受精卵に人間の遺伝子を入れ，人間に有用な成分（化合物）をとりだす動物工場をつくる。③ 人間のような代謝を持つマウスをつくり，実験動物にする。などの遺伝子操作が行われている。さらに，クローン技術を利用して人の胚から移植用の臓器や組織をつくる研究も始まろうとしている。パーキンソン病など難病治療に道を開くと期待される一方，人の複製への第一歩となりかねない倫理的問題がある。また，遺伝子組換とは異なる細胞融合によってポマト（ジャガイモとトマト），オレタチ（オレンジとカラタチ），ヒネ（ヒエとイネ），メロチャ（メロンとカボチャ）などの品種改良作物が生まれている。さらに，市販されている野菜として組織培養技術によって生まれたハクラン（白菜とキャベツ），センポウ菜（コマツナと白菜）などもある。

5-11　ゲノム編集食品

　「遺伝子組み換え技術」というのは，本来その生物にはない遺伝子を他の生物の遺伝子を組み込む技術なのに対し，「ゲノム編集技術」というのは，生物の遺伝子を「ハサミ（特殊な酵素)」で狙った部分だけを切断し，その生物の性質を変化させる，という技術である。かなり前から知られていたが，2012 年に「ハサミ」である酵素「CRISPR/Cas 9」が登場して格段に技術が進歩した。この酵素の特徴は，従来の「ハサミ」だと，どこを切断できるか分からなかったのに対し，狙った遺伝子だけを切断できる，というものである。遺伝子(DNA)を切断する手法は，従来から放射線処理などで行われていたのと，別の生物種の遺伝子（外来遺伝子）を組み込むのではない，という 2 点から「安全である」との認識があり，結果として厚生労働省の専門部会では「遺伝子組み換えに当たらず，安全性審査も不要」との結論になり，消費者庁の部会でも「表示の義務化は困難」との見解を示した。

　ただ最新の研究では，ゲノム編集技術で，狙った遺伝子だけでなく，遺伝子

のほかの部分も切断・破壊してしまう（オフターゲット），という指摘があり，安全性が完全に確認できたかどうかは明確ではない。

5-12　地球環境の破壊と経済への影響

　環境問題専門のシンクタンク，ワールド・ウオッチ研究所は，1995年から1997年の3年間で小麦の価格が約4割上昇したのは，地球環境の破壊が原因だとする見方を発表した。これまで，地球環境の破壊は，いずれ経済成長を阻害するといわれながら，どのような形で影響が出るかの定説はなかった。レスター・ブラウンは，「経済が何倍にも成長するようには地球は成長できないことに早く気づくべきだ」と警告している。小麦の高騰は，生産量が人口急増による需要をまかないきれないためで，森林の伐採や温室効果ガスの増加，土壌の流失などの環境破壊が農業生産を低下させるなか，水不足がとりわけ深刻な影響を与えていると指摘している。次世代のために食糧を確保するには気候の安定化，水利用の効率化，土壌の保護，地下水の保全，人口の安定化など多方面にわたる対策が必要，と強調している。

■参考・引用文献

1) 日本財団ホームページ，日本財団ジャーナル「世界で捨てられる食べ物の量，年間25億トン。食品ロスを減らすためにできること」（2023.1.24）．

2) 環境省ホームページ「我が国の食品ロスの発生量の推計値（令和3年度）の公表について」（2023.6.9）．

3) World Population Prospects，国連（2022）．

4) 総務省統計局ホームページ，「世界の統計2022」より．

5) 国土交通省ホームページ「世界の水資源」より．

6) UNEP『Desertification Control Bulletin』（1991）より環境省作成．

7) UNEP1977（環境庁，環境白書（総説）平成3年版，p.25，（1991））．

8) 国連ホームページ「国連砂漠化対処条約（UNCCD）：土地に根差した生活を守る（2016-2017）」（2017）．

9) 岡本信広，「中国の食糧不足はあるのか？」，世界経済評論IMPACTホームページ，No.1876，（2020.9.14）．

10) 山中典和，中国における乾燥地緑化の現状と課題，沙漠研究，27（4），147-149
（2018）．

11) 週刊朝日，「大豆自給率は94％→13％に　中国農業衰退で世界に打撃！」，
AERA dot. ホームページ，（2018.2.27）．

6

原子力発電
- 原子力は文明を支える
エネルギーとなり得るか -

　気候変動の影響を抑えるには，CO_2 の排出抑制が不可欠である。日本は，2009 年 9 月の国連総会で温室効果ガスの 25% 削減目標を国際公約した。その背景には，温室効果ガスを出さない原子力発電（原発）の新増設があった。しかし，2011 年 3 月 11 日の東日本大震災により生じた東京電力福島第一原子力発電所の事故（東電原発事故）を受けて，54 基中すべての原発が停止，失速した。その結果 CO_2 排出量の多い火力発電の依存度が高まって，目標の見直しが避けられない状況になったからである。

　原発は地球温暖化問題と新興国の旺盛なエネルギー需要を背景に，2010 年には「原子力ルネサンス」と活気づいた。だが，東電原発事故の影響で安全性確保に対する要求が強まり，原発コストを増大させている。政府のエネルギー・環境会議がまとめた原発の発電コストは，石炭や液化天然ガス（LNG）火力と大差ない（2011 年 12 月）。原発は建設地探しから使用済み核燃料の最終処分，過酷事故の費用まで，国家の支援がいる。原子力は「国策」でなければ成り立たない。東電の原発事故費は 2013 年時点で 11 兆円（従来想定）であったが，2023 年 12 月の経済産業省の新試算では 23.4 兆円と非常に大きく膨らんだ。内訳は廃炉 8 兆円，賠償 9.2 兆円，除染 4 兆円，除染土の中間貯蔵施設の整備費 2.2 兆円となっている。しかし，廃炉（30～40 年を要する）に 8 兆円を充てているものの，これがどこまで膨らむかはいまだ不透明である。

　東電は，炉心溶融（メルトダウン）に続いて起きた水素爆発で大気中に放出

された放射性物質の総量を 90 京ベクレル（京は兆の1万倍）とする解析結果をまとめている。一方，海洋への放出は，ヨウ素 1.1，セシウム 0.71 京ベクレルと試算した。欧州諸国など世界各地へ放射能汚染をもたらしたチェルノブイリ原発事故（1986 年 4 月，520 京（10^{16}）ベクレル）と同じ国際原子力事象評価尺度「レベル 7（深刻な事故）」に変わりない。

　原発の重大事故は起きないという前提で日本の社会は動いてきた。原発事故は，日本が崩壊しかねないほどの膨大なリスクを背負っている。

　ドイツは脱原発の道を選んだ。2023 年 4 月 15 日に最後の原発 3 基が稼働を終えた。これにより，60 年以上続いたドイツの原発の歴史に幕が下りた。ドイツ政府，この日「ドイツにとって歴史的で特別な日だ。（ドイツが脱原発に進むにあたって）福島の原発事故が決定打になった。今後は風力や太陽光などへの転換を加速させる」との声明を出した。その一方，「放射性廃棄物が安全に処分できるかどうかの問題がある。原発との闘いはまだまだ終わらない」という声もある。イタリアも脱原発を決めたが，それはドイツの判断を分析したからだ。台湾は 2017 年 1 月，2025 年までの脱原発を盛り込んだ電気事業法改正案を可決した。台湾では電力の 14% を 3 カ所にある原発でまかなっている。

　核エネルギーを普段の生活に使おうとした発想自体に無理があるのではなかろうか。民間企業が担う技術としては，原子力は危険すぎる。

　さらに日本は原発の立地条件にも大きなリスクを有する。日本は世界有数の火山国である。さらに，ここにきて日本を取りまく地震帯が活動期に入ったともいわれている。今までに建設され原発の原子炉建屋直下にある断層の再調査が各地で進んでいる。活断層*と判断されれば，休止している原発の再稼動は難しくなり，廃炉になる可能性がある。

6-1　原子力発電の歴史　－原子力の平和利用－

　原子力発電（原発）の歴史は，1953 年 12 月，アメリカのアイゼンハワー大統領が国連総会で，原子力の平和利用を宣言したことに始まる。これと相前後して，アメリカが初の原子力発電に成功している。同時に，旧ソ連も原発の運

＊　地質学的に新しい時代にずれ動いた跡があり，今後も動く可能性がある断層。

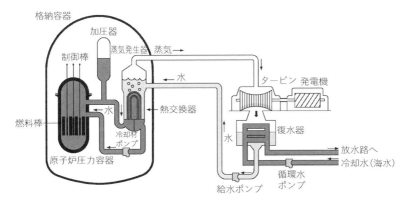

図 6-1　加圧水型原子炉（PWR）

　転を始めた。1956 年にはイギリスのコールダーホール型原発（減速材として黒鉛を使う。冷却剤には加圧した二酸化炭素を使うことからガス炉といわれている。現在では原発の主流ではない）も始動した。

　国内では，1957 年に電力 9 社などの出資で日本原子力発電（原電）が発足した。1960 年，国内初の商業用原子炉として，コールダーホール型原発の建設着工が茨城県東海村で始まり，1966 年に発電を開始した。この原発は東海発電所と呼ばれ，国内唯一のガス炉で，出力は 16 万 6,000 kW であった。現在は，運転を停止し（1997 年），1998 年から廃炉作業に入り，2001 年 12 月から解体作業が始まって，2011 年度から 7 年をかけて原子炉や建物を解体する予定であったが 7 年の延長が決まった。

　このころ，濃縮ウラン[*1]を燃料とする，アメリカの軽水炉[*2]が脚光を浴び始め，厳しい管理下にあった濃縮ウランを，海外にも提供することになった。

[*1]　天然ウラン（U）の中に，核分裂を起こす$^{235}_{92}$U（ウラン 235）は，0.7％しか含まれていない。ウラン中の^{235}U の濃度を高めたものを濃縮ウランという。原発の運転では，3〜4％までの低濃縮ウランが経済的であるとされている。核兵器用の濃縮ウランは 90％以上である。

　同位体を表す表記法は以下のように，元素の化学記号（一般に X とする）の左上に質量数 A を，左下に原子番号 Z を書く。

$$\begin{matrix} \text{質量数} \longrightarrow A \\ \text{原子番号} \longrightarrow Z \end{matrix} \mathrm{X} \longleftarrow \text{元素記号}$$

[*2]　軽水とは重水（D_2O）に対し普通の水（H_2O）のことをいう。発電は，原子炉で熱せられた水が水蒸気となりタービンをまわして行うことから軽水炉の名称が付けられている。世界の原子力発電による電気の 8 割は軽水炉によってつくられ，現在の主流となっている。

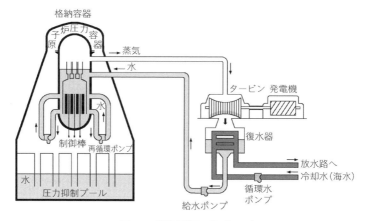

図6-2 沸騰水型原子炉（BWR）

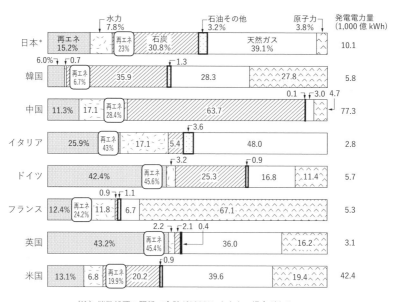

（注）端数処理の関係で合計が100％にならない場合がある。

資料：IEA「World Energy Balances 2022 Edition」を基に作成

図6-3 主要国の発電電力量と発電電力量に占める各電源の割合（2020年）[1]

---

* 日本の数値は2019年の値を示す。

当時，アメリカの軽水炉では，加圧水型原子炉（PWR, pressurized water reactor）のウェスチングハウス社と沸騰水型原子炉（BWR,boiling water reactor）のゼネラル・エレクトリック社が競っていた。PWR は放射能を含んだ蒸気が直接，発電機の方へは行かない構造になっており，BWR と構造を異にする。PWR は建設費も安く，燃焼率（燃料 1 t 当たり）も BWR の 1 万数千 MWD（MWD は核燃料の燃焼率を表す単位）に比べ，PWR は 2 万数千 MWD と，燃料を長持ちさせることができる。このため，総合的に見て PWR が安全かつ低コストで運転されるため主流となっている。

6-2　日本の原子力発電

　世界の国々の発電方法は，その国の自然条件や資源（エネルギー）の自給状況，エネルギー政策などが反映されている。たとえば，水資源の豊かなノルウェーは発電量の 96.2％が水力であり，カナダでも電力の半分以上（59.0％）を水力発電でまかなっている。石炭やシェールガスの豊富なアメリカでは，火力発電で 64.3％をまかなっている。原子力発電を積極的に進めているフランスでは，原子力が 71.6％にも達している（図 6-3）。

　日本の 07 年の発電量は，原子力発電が 22.1％となっていた。火力発電と水力発電はそれぞれ 70.4％と 7.0％である。しかし，原発事故後の 2013 年では，火力発電が 90.5％，原子力発電は 0.9％になっていたが，その後徐々に再稼働が認められ，2019 年では，火力 75.8％，原子力 6.2％となっている。1999 年の原子力の発電量を仮に石油燃料に換算すると，石油輸入量の 20％，6,400 万 kL（東京ドームのおよそ 50 杯以上）も必要となると計算される。

　福島原発の事故を踏まえ，原子力規制委員会では，2016 年 3 月に新しい規制基準を策定した。この新規制基準は，これまでと比べてシビアアクシデント（過酷事故）防止の規制が強化されると同時に，万が一シビアアクシデントやテロが発生した場合に対処するための基準が新設された。これに基づき，全国の原発はすべて再審査となり，原子力規制委員会が認めた場合にかぎり，再稼働することができるようになった。2023 年 10 月現在の状況は，再稼働しているのは 12 基（稼働中 10 基，停止中 2 基），設置変更許可が 5 基，再稼働審査中が 10 基（建設中の大間原発，島根原発 3 号機を含む），未申請が 9 基，廃炉

132

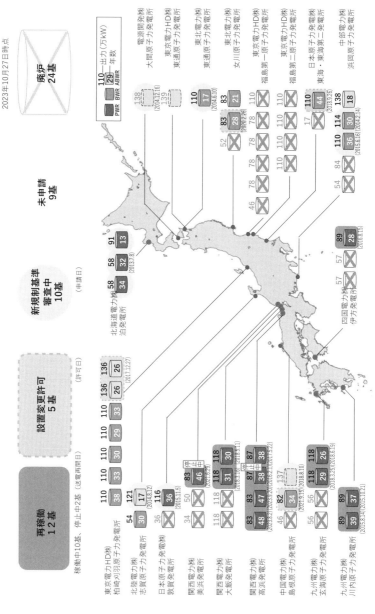

図6−4 日本の原子力発電所（2023年10月27日現在）[2]

が 24 基である（図 6-4）。

　商業用原子炉が発電を開始したのは 1966 年。その後，次第に拡大されて，これまでに発電した総電気量は，約 3 兆 kW 時（1998 年）に達している。この量は，現在国内で使う電気量の約 3 年分に相当する。

　2021 年 8 月に経済産業省から発表された 2030 年時点における電源別発電コスト試算では，原発は 1kw 時あたり 11.7 円以上となった。ただし，安全対策費や事故時の賠償費用，東京電力福島第一原発事故の処理費用などにより，上振れする可能性も示唆されている。合わせて発表された他の電源では，LNG 火力が 10.7 ～ 14.3 円，石炭火力が 13.6 ～ 22.4 円，事業用太陽光が 8.2 ～ 11.8 円，住宅用太陽光が 8.7 ～ 14.9 円，陸上風力が 9.9 ～ 17.2 円となった（風力・太陽光は，風力不足や日照不足による発電不安定のためのバックアップ電源のコストも算入されている）。一方，電力問題に詳しい立命館大学の大島教授は，福島第一原発の事故処理費をもとに試算した結果，原子力は 13.1 円，火力は 9.9 円，水力は 3.9 円で原子力は火力より 3 円ほど高かった。しかも，原発建設には，現在，出力 100 万 kW クラスの原発 1 基で 3,000～4,000 億円規模の巨費が必要で，投資の回収に時間がかかるため，将来，コスト的に重荷となる可能性が出てきている。

　エネルギー事情を考えると，21 世紀以降の社会では，石油や石炭などの温暖化の原因となる化石燃料への依存を少なくし，持続可能な経済へ早く移行できた国が優位に立つとされている。温暖化防止の対策は，基本的に化石燃料への依存度を減らした低炭素社会の実現にある。また，化石燃料は人類に残された大切な有機資源でもある。

　原子力の利用に，発電所からの温排水（廃熱利用，100 万 kW 級の原発では 1 日 120 万 t の冷却水が必要）を使った魚介類の養殖もある。現在，全国で 9 か所の施設があり，福島県の第 1 原子力発電所では，地元と共同でウニやアワビなどの養殖が行われていた。また，佐賀県の玄海原子力発電所では，施設からの熱水の一部を取り出し，その熱で作った蒸気を利用して近隣農家のサツマイモやトマトの育苗なども行っていた。

増え続ける電力需要　今日，電気エネルギー（日本の全エネルギーの約4割を占める）は欠かすことができないものとなっている。今後，人口の減少が見込まれるものの，高齢化の進展やIT・通信の高度化等の社会変化により，電気の使用量は着実に増加する見通し。日本の一人あたり電力使用量は，主要国の中で上位に位置しており，総使用量もカナダ，アメリカに次いで世界第3位となっている。電気は，一次エネルギーを変換・加工して得られる高度加工の二次エネルギーである。あらゆる用途に対応することができ，利便性が高く，近年では，給湯・厨房など「熱」利用分野への用途も拡大している。

> 日本の原子力政策は，2011年3月の東電福島第一原発事故により，今後どのようになるかは不確実であったが廃炉となる。

6-3　核燃料サイクルと高速増殖炉およびプルサーマル
－なぜいま「プルサーマル」か，政策の柱は核燃料の再利用－

核燃料サイクル　21世紀のエネルギー問題を考えると，核燃料サイクルが解答の一つとして浮かび上がった。現在，ウランは世界で確認されている埋蔵量をもとに計算すると，利用できる年数は約75.5年といわれている（「可採埋蔵量÷2013年の生産量」による）。しかし，使用済み核燃料から燃え残りのウランやプルトニウム（Pu）*を回収し，燃料としてリサイクルすると，ウラン資源の利用効率を大幅に高めることが可能となる。これを「核燃料サイクル」という（核燃料リサイクルとも言った時期があった）。

原発で利用しているウラン燃料は，原子炉の中で3年から4年間にわたって電気をつくり続けた後，使用済み核燃料として炉内から取りだされる。使用済

---

* プルトニウム（$^{239}_{94}$Pu）は，半減期が$2.41×10^4$年で，α崩壊する。融点（mp）は639.5℃，沸点（bp）は3,200℃の銀白色金属である。

空気中で非常に不安定で発火しやすく，水素，窒素，ハロゲンなどとも反応する。元素中，最も毒性が高く，強力な発ガン性物質で，25μgでも肺に入り込むとガンを引き起こすことが知られている。臨界質量は11kg，自然に核分裂の連鎖反応が起こり，中性子とγ線を出す。純粋なウラン235の臨界質量は約4kgであって，およそ野球のボールの大きさである。ほとんどは長期間の貯蔵に適した酸化物などの安定した粉末に焼き固める。この作業は，多くの手間がかかり費用が高くつく要因となっている。

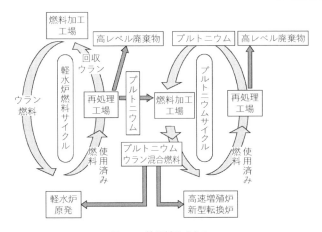

図 6-5 核燃料サイクル

みといっても，その中には再利用できる核分裂をしなかったウランや生成した
プルトニウムなどが含まれている。これを「使用済み核燃料」という。日本は，
2004 年 11 月，国の原子力委員会が核燃料サイクル路線の維持を決めた。

　核燃料サイクルによって，次のような効果を生ずる。

　使用済み核燃料の中には，燃えやすいウランが約 1 ％，プルトニウムが約
1 ％，核分裂生成物が約 3 ％，燃えにくいウランが約 95 ％存在する。

　1 ）現在運転中の通常の原子力発電（軽水炉）の燃料としてのウランに，プ
　　ルトニウムを混ぜて使うと，ウランの利用効率は 2 倍近く向上する。これ
　　をプルサーマル（plutonium use in thermalneutron reactor）という。

　2 ）高速増殖炉でプルトニウムを利用すると，ウランの利用効率が数十倍に
　　も高まる。

　　　　　　　　　　　　原発からでる使用済み核燃料を再処理してプルトニウムを
　高速増殖炉　　　　取り出し，燃料として再利用する「核燃料サイクル」は，現
　「もんじゅ」　　　在でも日本の原子力政策の一つの柱となっている。

　高速増殖炉（FBR，fast breeder reactor）とは，核燃料としてプルトニウ
ムを使い，高速の中性子を利用して，燃やした以上のプルトニウムを生み出す
ことができる原子炉のことで，「夢の原子炉」とも呼ばれている。欧米では第
二次世界大戦直後から開発が始まり，日本でも動力炉・核燃料開発事業団（動

燃）が 1967 年以来，開発を続けてきた。動燃は，現在，核燃料サイクル開発機構（核燃機構）と名を変えている。

　高速増殖炉の開発から実用化までは，実験炉，原型炉，実証炉，実用炉と何段階ものステップをへる。何段階ものステップがあるということは，それだけ高速増殖炉が技術的に困難さを伴うことを示している。1995 年 12 月にナトリウム漏れ事故を起こした高速増殖炉「もんじゅ」は，実験炉の次の開発段階に当たる原型炉で，発電性能の確認などを目的としていた。国の原子力開発利用長期計画（長計）では，「もんじゅ」で実績を積み，2000 年初頭により実用段階に近い実証炉の建設に着手，2030 年ごろに実用化を目指す，としていた。

　事故を起こした「もんじゅ」は事故後，現在までの 21 年間一度も運転されたことがなく，2016 年 12 月，ついに廃炉が決まった。

増殖のしくみ　　天然ウラン[*1]のなかには，核分裂[*2]を起こす燃えるウラン 235（^{235}U）と，ほとんど核分裂が起こらない燃えにくいウラン 238（^{238}U）がある。普通の原発では，ウラン 235 を主な燃料にしている。しかし，ウラン 235 は天然ウランの中にわずか 0.7％しか含まれておらず，残りの 99.3％はウラン 238 となっている。このため，いままでの原子炉では，限られたウラン資

[*1]　質量数 235 のウランを意味する。天然ウランには，そのほかに質量数 234 と 238 の同位体（原子番号が同じで，質量数が異なる）が存在する。ウラン 234，238 は中性子を吸収するが，通常は分裂しない。

[*2]　核分裂は，ウランやプルトニウムなどの原子核に中性子を照射することによって核を二つに分裂させることをいう。オーストリアの女流物理学者 L. マイトナー（1909）は，生物の細胞分裂にちなんで，この現象に核分裂という名を与えた。ウラン 235 は核分裂によって，いくつかの組み合わせのより小さい原子核となる。代表的な例として次のような反応があげられる。

ウラン 235 とおそい中性子 n との衝突により，ただちにウラン 236 がつくられる。

$$n + {}^{235}_{92}U \rightarrow {}^{236}_{92}U$$

^{236}U はすぐに，より小さい 2 個の核に分裂し，何個かの中性子を放出して大きなエネルギーを放出する。^{236}U の代表的な核分裂反応の一つに次のような核分裂がある。

$${}^{236}_{92}U \rightarrow {}^{140}_{54}Xe + {}^{94}_{38}Sr + 2n$$

核分裂反応では，質量が欠損するとともに莫大なエネルギーを放出する。質量欠損とは，核分裂によって生成する物質の質量が，核分裂する物質の質量に比べ少なくなることをいう。アインシュタインは 1905 年，特殊相対性理論を発表した。そこでは，質量 m とエネルギー E が別々の物理量でなく，次の式で示されることを予言し，正しいことが証明されている。

$$E = mc^2 \qquad ここで，c は光速$$

これより，質量が 1 g 減少すると（1 g の物質がエネルギーに変化すると）2.15×10^{10} kcal という莫大なエネルギーが発生する。この 21.5 兆カロリーのエネルギーは，高性能爆薬 TNT（トリニトロトルエン）約 2 万 t の爆発によって放出されるエネルギーと同等である。1 個の ^{236}U 原子の核分裂では約 4,612 kcal のエネルギーが放出される。

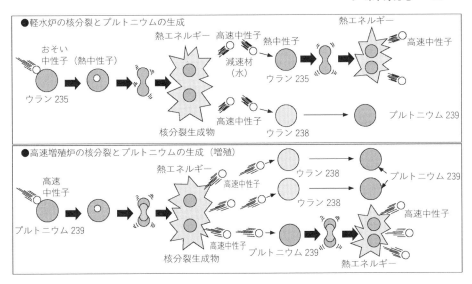

図 6-6　軽水炉と増殖炉での核分裂

源を有効に利用することができていない。そこで，天然ウランをさらに効果的に使うことができるように考えられた原子炉が，高速増殖炉である。

　ウラン 235 が原子炉のなかで核分裂を起こすと中性子が飛び出す。この中性子はもともと，速いスピードを持っているが，ウラン 235 は遅いスピードの中性子の方が核分裂しやすいため，これまでの原子炉では減速材*³ を使って中性子のスピードを遅くしている。速い中性子を高速中性子といい，遅い中性子は熱中性子とも呼ばれる。しかし，こうした方法は，せっかく発生した中性子に無駄が生じる。そこで，中性子を速いスピードのまま生かす高速増殖炉が登場した。

　高速増殖炉では，① 高速中性子をプルトニウム 239（²³⁹Pu）に衝突させて核分裂を起させる。このとき飛び出す中性子は，その数を増す，② この高速中性子を，さらに燃えないウラン 238 やプルトニウム 239 に吸収させる，③ こうすることにより，無駄になる中性子を有効に使うことができる。

---

*³　遅い（低速）中性子（熱中性子ともいう）の方がウラン 235 の核分裂を起こす確率が高い。そのため高速の中性子を低速するのに減速材が使われる。減速材としては軽水（H₂O），重水（重水素からできた水 D₂O），黒鉛（グラファイト）などが一般に使われている。

　つまり高速増殖炉では，1回の核分裂反応で飛び出す約3個の高速中性子のうち，1個を原子炉を動かし続ける火ダネとして使い，残りの1〜2個を燃えないウラン238に衝突させ，プルトニウムに変える。

　ウラン238は，中性子を吸収するとプルトニウム239に変わる。このプルトニウム239はウラン235と同じように核分裂を起こすので，新しい燃料として使うことができる。このようにプルトニウムが燃えて，消費した燃料よりも多く生まれることを増殖といっている。

　すなわち，高速増殖炉は中性子の2つの働きを利用して，一方では燃料を燃やし，一方では燃えにくいウラン238を新しいプルトニウム239に変え，しかも燃やした量よりも多くのプルトニウムを作り出すしくみになっている。

プルサーマル　　原子力発電所の原子炉（軽水炉）の中では，ウラン燃料が燃えてエネルギーを出す一方，燃料の一部が変化し，プルトニウムが生み出されている。このプルトニウムは，燃料のウランと同じような性質があり，一部は炉の内部で燃え，その他は燃え残り，使用済み燃料の中に残る。炉内で燃えるプルトニウムからのエネルギーは，原発で作り出す電気の3割にもなるといわれている。使用済み燃料からプルトニウムを回収し，ウランと混ぜて混合酸化物（MOX, Mixed Oxide）燃料に加工した後，再び普通の原子炉で使うことをプルサーマルという。（プルトニウムとサーマルリアクター（軽水炉）を組み合わせた造語）

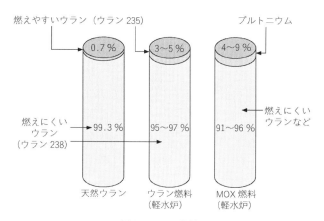

図 6-7　MOX 燃料

　プルサーマルは，高速増殖炉と並ぶ日本のプルトニウム利用政策の柱になっている。高速増殖炉「もんじゅ」は廃炉が決定（2016年）したため，当面，プルトニウムをMOX燃料として使おうとしている。しかし，プルサーマルはフランスやドイツで実施されているが，濃縮ウランを燃やすように設計されている軽水炉でプルトニウムを燃やすので，炉心の反応が変化し，安定性に問題があると指摘する専門家もいる。また，ウラン燃料を使う普通の軽水炉よりコストが高くつくという難点もある。

　日本のプルサーマルは，MOX燃料の少数体実証計画として，日本原子力発電の敦賀原発1号機で1986年から1990年まで2体が使用され，計画どおり終了したのがスタートである[3]。その後，新型転換炉（ATR）計画が本格化し，「ふげん」発電所（日本が独自に開発を進めてきた新型転換炉の原型炉で，重水を減速材として用い，使用済燃料から回収されるプルトニウムやウランを有効に利用できる特性を持っていた）が運転をはじめた。1979年に運転を開始し，2003年に運転終了するまで，装荷されたMOX燃料体数は772体であり，「ふげん」は熱中性子炉の1基の発電炉として世界最高の装荷実績を上げた[4]。しかし，1995年にコストを検証した結果，想定よりも実証炉建設工事費，発電原価が高くなりすぎており，計画の中止が決定された[5]。同年12月の「もんじゅ」の事故とあわせて，電力業界はプルサーマル計画の見直しを迫られることになった。結果的に，本格的なプルサーマル発電の日本でのスタートは2009年までずれこみ，九州電力玄海原発3号機で実施したのが最初である。さらに四国電力伊方原発3号機では2010年3月，東京電力福島第一原発3号機では2010年10月にプルサーマルによる営業運転を開始し，2011年時点では電力会社11社で，2015年までに16〜18基でプルサーマルを導入することを目指した[6,7]。

　しかし，同年3月の福島第一原発の事故をうけ，さらに計画は大幅にずれこみ，2024年1月現在，日本にあるプルサーマル基は合計4基である。また，日本には福島第一原子力発電所事故後に再稼働している原子力発電所が9基あるが，プルサーマル基は全て再稼働原発に含まれている。また現在プルサーマル基にする予定のものが，電源開発大間原発の1基を含め合計6基あるが，そのうち地元の同意が得られているのは4基。この大間原発は，ウラン燃料だけ

表6-8　各国の分離プルトニウム保有量（2021年末のデータ）[9]

国　名	軍事用（トン）	非軍事用（トン）	合　計
ロシア	88.0	103.5	191.5
米国	38.4	49.4	87.8
フランス	6.0	85.0	91.0
中国	2.9	0.04	2.94
英国	3.2	116.5	119.7
イスラエル	0.8		0.8
パキスタン	0.5		0.5
インド	9.2	0.4	9.6
北朝鮮	0.04		0.04
日本		45.8	45.8
他の非核保有国※		0.0	0.0
合　計	149	403	552

※スイス，スペイン，オランダ，ドイツ，ベルギーの5か国の国外所有とみられる（IPFM2023）。

なお，フランスに貯蔵されている日本以外の非核保有国のプルトニウム在庫量は，ベルギー（80kg以下），オランダ（240kg）と推定されている（Mycle Schneider，2023）。

核物質量は推定値や組成で不確実性が高いため，合計数値は丸めた数値となっている。

北朝鮮のみ小数点第2位まで示しているのは，100キログラム以下ではあるが保有していることを明示するため。

中国の数値は2016年末現在。それ以降公表されていない。

軍事用とは核兵器内にあるか，核兵器に使用する目的の分離プルトニウム，及び将来に軍事利用の余地を残したまま貯蔵しているプルトニウムをいう。

非軍事用とは，民生用原子炉の使用済み燃料から分離したプルトニウム，及び兵器用としては余剰と公表されたプルトニウムをいう。

でなく，MOX燃料を全炉心に装荷できることが特徴である（いわゆるフルMOX炉）が，その安全性について議論され，2022年運転開始予定だったのが，2030年以降にずれ込んでいる。

その一方，2020年12月に電気事業連合会が公表した「新たなプルサーマル計画」では，プルサーマルを早期かつ最大限導入することを基本とし，「2030年度までに少なくとも12基のプルサーマル導入の達成を目指していく」ということを打ち出した[8]。

増え続ける使用済み核燃料とプルトニウム

プルサーマルを活用する予定のMOX燃料は，日本では日本原燃の青森県六ケ所再処理工場で生産する計画だが，これも建設が遅れており，まだ完成していない。そのため，現在MOX燃料は，使用済み核燃料をフランスに送り，

フランスで MOX 燃料にされたものを日本に輸入している。

　また日本国内でも，使用済み核燃料は，各発電所や，一部は六ケ所再処理工場の付近の貯留所に蓄積された状態で，すべてが，六ヶ所再処理工場が正常に稼働開始できるかどうかにかかっている。六ヶ所再処理工場は，毎年，約 8 トンのプルトニウムを抽出する能力を持つ[10]。すでに，日本国内の貯留状況は2018 年時点で 75% が満杯。現在，伊方，玄海，東海第二，浜岡の各原子力発電所内と貯留キャパシティの拡張と，青森県のむつ中間貯留施設での貯留開始を申請し，対策を講じているが，当然地元の理解が必要となる。その一方，今後，六ヶ所再処理工場が稼働した場合，抽出したプルトニウムを日本はどうする気なのか，世界が懸念している。

　日本のプルトニウム保有量は，2022 年末時点で国内外において管理されている我が国の分離プルトニウム総量は 45.1 トン（原爆約 5,600 発分に相当）。うち，国内保管分は 9.3 トン，海外保管分は 35.9 トン。フランスでは MOX 燃料製造のための日本のプルトニウムを 14.1 トン保管している。また英国でも当初は MOX 燃料を生産していたが，2011 年に MOX 燃料工場が閉鎖されたため，送ったプルトニウム 21.8 トンが英国内に滞留し，日本への送還待ちの状態となっている。そのため，フランスと英国は，日本に対し，早急に日本国内にプルトニウムを送り返せるよう求めている。2022 年は，高浜原発 4 号機においてプルトニウム 0.6 トンの消費が行われ，その分フランスで保管しているプルトニウム 0.6 トンをＭＯＸ燃料に加工して，国内に搬入した[11]。

　プルサーマルは順調に運転できても「燃料節約はせいぜい 2 割」ともいわれている。核兵器の材料にもなる危険をはらんだプルトニウムを，使用済み核燃料を再処理することによって大量に持つことは，核不拡散の立場から国際世論で批判を浴びる。政府はこれまで，「余剰のプルトニウムは持たない」，と説明して，理解を得ようとしてきた。しかし，福島原発事故後，再処理の路線をどうするかが現在議論されている。再処理は割高で核拡散リスクもあるため撤退する国が多い。

　政府は当面，プルトニウムを消費する手段として，ウランとプルトニウムを混ぜた MOX 燃料にして普通の原発で燃やす「プルサーマル」発電で核燃サイクルを維持する方針だ。

　電気事業連合会は，全国の16〜18基の原発でプルサーマル発電をすれば，年5.5〜6.5tのプルトニウムを消費できると試算。再処理工場がフル稼働しても使い切れると説明する。しかしプルサーマルの導入は，計画通りには進んでいない。MOX燃料は，普通の燃料より制御棒の利きが悪く，取り扱いが難しく，また，経済的にも高くつくとされている。原爆をつくるには高濃縮ウランなら15kg，プルトニウムなら4〜5kg程度あれば良いとされている。

　一方，世界全体の軍事用プルトニウムの貯蔵量は2021年時点で149トン。これは10年前と変わっていない。その大きな理由は，五大核保有国（米・ロ・中・仏・英）が，軍事用の再処理施設をすべて閉鎖していることにある。ただ，インド，パキスタン，イスラエル，北朝鮮は小規模ながら軍事用の再処理施設をもっている。民生用プルトニウムは403トンで，これは10年前の約1.4倍に増加した。また軍事用の2.7倍に達している。これは，民生用の原発から回収されたプルトニウム，特にフランスの在庫量が増えた影響が大きい。大型の民生用再処理施設は，核保有国では英国，ロシア，フランスにあり，中国がフランスから輸入する計画がある[12]。合計すると552トンとなり，これは長崎型原爆92,000発分に相当する。

6-4　高速増殖炉「もんじゅ」の事故とその波紋
－核燃料サイクルは時代遅れか－

「もんじゅ」の事故が原子力行政に与える影響　　福井県敦賀市にある核燃料サイクル開発機構（旧動燃）の高速増殖炉「もんじゅ」（出力28万kW）は，1995年12月8日夜，原子炉の熱を取り出す二次冷却系の配管に取り付けられていた温度計が折れ，そこから液体ナトリウムが漏れて，火災が発生するという重大事故を起こした。事故以来「もんじゅ」は，運転が20年余り中止されたままとなっていたが，2016年に廃炉が決定した。

　「もんじゅ」は，年々深刻化するエネルギー事情から，約6,000億円の巨費を投じて日本の自主開発によって進められ，次世代の原子力発電事業として建設された。事故は出力40%の「起動試験」中に起きた。

　原子力安全委員会の事故調査によると，事故原因は，配管に取り付けられて

いた温度計が，冷却剤のナトリウムの流れによってできる渦（カールマン渦）で振動し，金属疲労を起こし破断（金属疲労破壊）したことによるものと断定された。破断によって空いた穴から，高温のナトリウムが漏れて火災が発生したのである。海外の高速増殖炉の事故でも，やはり配管が多くの事故の原因となっている。

世界の高速増殖炉の現状　フランスの実証炉「スーパーフェニックス（SPX 124 万 kW）」では，ナトリウム 20 m^3 が漏れた例があるが，これは運転に関係のない燃料貯蔵槽で起き，火災も発生していない。スパーフェニックスは，その後廃止する方針が打ち出され，1998 年正式に廃止・解体が決定した。

　高速増殖炉の「アキレスけん（弱点）」ともいわれるナトリウム関連事故では，アメリカの「エンリコフェルミ 1 号」で，ナトリウム冷却系が働かず炉心が溶けるという大事故や，ドイツの「SNR300」で，本格運転の前に二次冷却系のナトリウム漏れによる火災の発生などがある。フランスでは，解体中の炉「ラプソディー」でナトリウムのふき取り作業中に爆発が起き，5 人が死傷する事故も起きている。高速増殖炉の実験炉では，アメリカ，旧ソ連，イギリスは1950 年代，フランスは 1960 年代，日本，ドイツは 1970 年代に臨界に成功した。

　しかし，イギリス・ドイツは 1990 年代に計画を中止し，フランスも大幅に開発計画を縮小した。アメリカも一旦は計画を中止したものの，民間のテラパワー社が，エネルギー省の支援をうけて開発計画に乗り出し，日本も 2022 年にこの計画に参加することになった。中国，ロシア，韓国も計画中である。

　核燃料サイクルが実用化しないのにはいくつかの理由をあげることができる。

① 高速増殖炉の安全性に問題がある

② プルトニウムが核兵器の材料になる

③ プルトニウム発電は経済的に見合わない

日本は日本原子力協定で再処理が認められている。協定は 2018 年に改定される。核燃料再処理によって取出されてプルトニウムが増えれば，協定の改定交渉に影響が出る可能性もある。

高速増殖炉の冷却剤になぜ，ナトリウムを使うのか

ナトリウムは，塩素と化合すると塩化ナトリウムになり，食塩としてわれわれの暮らしになじみ深いものである。しかし，単体のナトリウムは，常温で固体の金属である。

ナトリウムとはどんなものか，また，取り扱いがむずかしいのになぜ高速増殖炉に使われるのであろうか。

ナトリウム金属は，① 室温では銀白色の軟らかなチーズ状の固体で，比重は 0.97 と小さい。98℃で融けて液体になり，沸点は 1 気圧のもとで 883℃である。液体の状態で存在する温度範囲が広いため，約 700℃という高速増殖炉の炉心付近の高温でも液体状態を保つことができる。

② 化学的に活性で，酸素や水と激しく反応する。空気中の酸素と反応しても熱を出し，酸化ナトリウムとなる。酸化ナトリウムは，身体についたり，呼吸して肺に入ると，体の水分と反応して強いアルカリ性となって組織を損傷する。また，水ときわめて激しく反応し，熱と水素ガスを発生して水酸化ナトリウムへと変化する。反応が激しいため，しばしば爆発を伴う。それゆえ，消防法上，ナトリウムは「自然発火及び禁水性」の危険物に指定されており，水と空気を絶つために通常は油（灯油）の中に貯蔵している。「もんじゅ」の事故を実験で再現した結果，漏えい部分からはすぐに炎が上がり，空調ダクトや鉄製の足場は約 2 時間で穴が空いたほど激しいものであったという。

③ 水に比べ中性子を減速する性質が弱いため，プルトニウムの増殖に適している。さらに，高速増殖炉の炉心は，軽水炉に比べて体積当たり発生する熱が大きいため，すばやく効率的に熱を炉から取り去る必要がある。ナトリウムは，水より熱を伝える性質（熱伝導度）が約 150 倍も良いため，炉心の熱を効率よく取り出すことが可能となる。

高速増殖炉の冷却系

「もんじゅ」の原子炉内で発生した熱は，ナトリウムが流れる 1 次冷却系と 2 次冷却系のナトリウムによって伝熱されて，最終的に熱交換器で水を水蒸気に換えてタービンを回して発電をする。このため，高速増殖炉「もんじゅ」の構造は，軽水炉に比べて複雑になっている。1 次冷却系の配管の長さは約 300 m，2 次冷却系は 950 m にもおよび，使われているナトリウムの量は 1 次系，2 次系それぞれ 760 t で

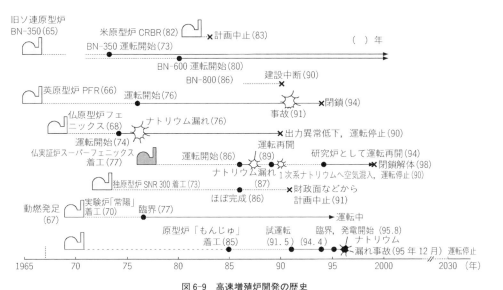

図 6-9 高速増殖炉開発の歴史

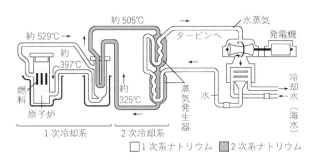

図 6-10 「もんじゅ」の仕組み

ある。原子炉内で温度529℃にも達した1次系ナトリウムは，秒速6m前後で
ポンプを使って循環され中間熱交換器に入り，2次冷却系のナトリウムを加熱
する。2次系ナトリウムは，約505℃となって水蒸気を発生させる蒸気発生器
に導かれる。蒸気発生器では水が水蒸気となってタービンを回し発電をする（通
常の軽水炉での水の温度は300℃前後である）。

　1次系のナトリウムは原子炉の中を流れるため放射能を帯びる。このため，1次系配管がある部屋（原子炉格納容器）は，窒素ガスで満たされた構造となっており，ナトリウムが漏れた場合でも空気と接触しない構造になっている。さらに，放射能を帯びた一次系のナトリウムが2次系へ漏れないように，2次系配管内の圧力は1次系よりも高くしている。

　通常の軽水炉での蒸気発生器は，水と水との熱のやりとりであるが，高速増殖炉の蒸気発生器は，ナトリウムと水との熱のやりとりのため，ここでの危険性は以前から指摘されていた。一方，2次冷却系がある建物全体を，窒素で満たせば安全になる，とされるが，これには莫大な経費を要する。

「もんじゅ」・「ふげん」命名の由来

　高速増殖原型炉「もんじゅ」と新型転換原型炉「ふげん」の名称は，釈迦如来の左右の脇士，文殊菩薩と普賢菩薩に由来している。文殊，普賢の両菩薩は，それぞれ，智恵と慈悲を象徴し，獅子と象に乗っておられる。それは，強大な力を持つ巨獣を智恵と慈悲で完全にコントロールしている姿である。原子力の巨大なエネルギーもこのようにコントロールし，科学と教学の調和の上に立つのでなければ人類の幸福は望めない。両原型炉に「もんじゅ」，「ふげん」と命名した所以である。

旧動燃パンフレットより

放射線とは　　不安定な原子核が，安定な状態または別の原子核に変わる際，粒子や電磁波を放出する。これを放射線という。放射線を出す物質が放射性物質で，放射性物質のことを放射能ということもあるが，これは放射線を出す能力を持つ物質の意味である。放射線には，アルファ線，ベータ線，ガンマ線，中性子線，X線などの種類がある。いずれも衝突した際，その物質や周辺の物質の性質をかえる力を持つが，透過力はさまざまである。電荷を帯びた粒子の飛程は短い。ガンマ線，中性子線は衝突により通過経路にそってその個数が減少してゆくのが特徴である。ヘリウムの原子核であるアルファ線は空気中でも数 cm しか飛ばず，紙1枚で止まる。ベータ線も体の中では2 cm も進まず，金属板で止まる。一方，ガンマ線は，厚さ 20〜30 cm のコンクリート壁でもかなり透過する。中性子線はほとんど弱まらずに通る。もちろん人間の体も通過する。ガンマ線の正体は電磁波で，光のような性質を持ってい

る。中性子線の正体は，陽子とともに原子核を構成している中性子の束が中性子線である。ウランの核分裂を利用する原爆や，運転中の原発の炉内で大量に発生する。

**放射線の単位
と被曝量**
　　　　エネルギー：放射線線源から見た基本的な単位は，放射線のエネルギーと個数である。エネルギーの単位は電子ボルト（eV）で，X線では keV，加速粒子などでは MeV（10^6eV）が用いられる。紫外線などでは波長も用いられ，nm がその単位となる。

　ベクレル（Bq）：線源の崩壊し続ける速度を表すため，崩壊個数/秒（ベクレル）が用いられる。1秒間に1個の原子核が，自然に壊れ，放射線を出すときにこの放射性物質の放射能を1ベクレルという。これまで，使用されてきたキュリー（Ci）とは以下の関係にある。

$$1\,\mathrm{Bq} = 2.7 \times 10^{-11}\,\mathrm{Ci}　（キュリー）$$
$$1\,\mathrm{Ci} = 3.7 \times 10^{10}\,\mathrm{Bq}　　（崩壊／秒）$$

　グレイ（Gy）：吸収した線量をエネルギーで表す。この単位をグレイ（Gy）という。1kg あたり 1J（0.24 cal）のエネルギー吸収である。

　1 Gy = 1 J/kg，すなわち 0.24 cal/kg であり，100 ラド（rad）に等しい。なお1ラドは1g当たり100エルグ（erg）のエネルギー吸収である。

　シーベルト（Sv）：生物的影響を表すため，吸収線量（Gy）に線質係数（quality factor, QF）をかけたもので線量当量の単位である。グレイに放射線の引き起こす生物作用の重大さ（RBE，生物学的効果比）を乗じた値になる（RBE は条件により異なるので，線質係数としては線源とエネルギーが同じなら，画一的な値を用いる）。水では1 Gy の吸収エネルギーは 2.4×10^{-4}℃の上昇にしかならないが，放射線には強い生物影響がみられる。この理由は局所的にエネルギーが付与されるためであり，部分的に強く壊れると生物はそれを修復できずにお手上げ状態になることの反映である。ガンマー線照射は損傷部位が比較的まばらに分布する。これを1として，他の RBE を定めている。この RBE 値は陽子などのイオンや中性子では2から10位になる。なお，荷電粒子の停止する最終段階は指数関数的に作用が増大し，RBE も大きな値となる。1 Sv はこれまでの単位では 100 レム（rem = roentgen equivalent man）になる。

　実効線量当量（Sv）：人体への放射線の影響を考えるときは，放射線の種類，

エネルギーなどさまざまな要素で異なってくる。特に照射を受けたのが全身か部分かでの換算が必要である。線量当量は，吸収線量を人体への影響が等しくなるように換算したものである。とくに，全身被爆に換算して重みをつけたものを実効線量当量という。人体の一部に受けた放射線の影響をすべて足し合わせ，全身で受けたらどのくらいになるかを表す値として用いられる。たとえば肺だけで10ミリシーベルト（mSv）受ければ，全身が均等に1.2 mSv受けたものと見なして，これを実効線量当量という。甲状腺に10 mSvなら全身では0.5 mSvと換算している。

6-5　核燃料再処理　－使用済み核燃料再処理工場の建設－

　日本のエネルギー政策の根幹は，使用済みの核燃料を再処理してプルトニウムを取り出して使う核燃料サイクルにある。

　高速増殖炉「もんじゅ」でプルトニウムを増殖して使う高速炉のサイクルと，プルトニウムとウランを混合したMOX燃料を原発で使うプルサーマル発電のサイクルの二つがある。

　電力業界の委託を受け，青森県下北半島にある六ヶ所村で，日本初の民間による核燃料再処理工場の建設が終り，劣化ウランを使った設備試験が進められている。再処理工場は，使用済み核燃料を化学薬品で溶かし，分離したプルトニウム溶液から余分な物質を取り除き，プルトニウムの純度を高める精製過程を指す。そのため，工場は多数の溶液槽や長くて複雑な配管で構成される。配管はプルトニウムが一定以上たまって臨界に達しないように工夫された特別な

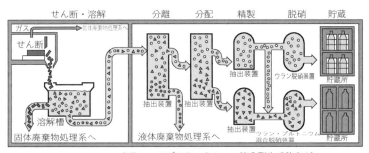

図 6-11　再処理が行われる工程

設計で，建設費を押し上げる一因になっている。施設外への放射能漏れを防ぐために，分厚いコンクリートの遮蔽壁や，耐震性にかかわる基礎工事などにも莫大な費用を要する。

　六ヶ所村の再処理工場は，原発の使用済み核燃料からプルトニウムとウランを取り出す世界有数の施設で，年間最大800tの核燃料再処理能力を持たせる計画である。1993年に着工したが96年4月，建設費が公表してきた建設費8,400億円の約2.5倍の1兆8,800百億円に達する見通しとなり，計画が見直された。しかし，工場の完成時期は30回も延期され，まだ完成していない。想定以上に安全対策が必要になり，建設費も約2.2兆円と，当初の約3倍に膨れあがっているのが現状だ。関連する高レベル放射性廃棄物の貯蔵施設を含めた建設費の総額は，原発5，6基に当たる2.2兆円。2002年，工事はほぼ80％進み，3,800haの敷地に巨大な化学プラントが姿を現した。年間の最大処理能力も800tを処理し，約4.5tのプルトニウムを抽出する。国内の原発から出る使用済み核燃料は年間900〜1,000t。

　年平均4.8tのプルトニウムを生産し，高速増殖炉「もんじゅ」などで燃やして，需給のバランスをとるというプルトニウム利用計画の基礎が狂うことになった。核燃料サイクル事業にかかわる資金は，18.8兆円と試算され，そのうち再処理事業には11兆円にのぼると見込まれている。日本は高速炉開発を進め，次の段階である実証炉開発する方針は捨てていない。開発はフランスと協同で行う可能性が強い。

6-6　核廃棄物　－高レベル核廃棄物問題－

　「もんじゅ」の事故や再処理工場の設備縮小など，国の原子力政策の軸となる核燃料サイクル計画の輪がほころぶ一方，「核のごみ」の後始末にも多くの難問が待ち受けている。文部科学省，経済産業省，電力会社など電気事業者，核燃機構でつくる高レベル核廃棄物対策推進協議会によると，原発の使用済み核燃料の再処理で出てくる高レベル放射性廃棄物の処分には，21世紀半ばまでに3兆円から5兆円かかると試算されることがわかった。そこでは，高レベル廃棄物をガラスと混ぜて，ガラス状に固化した後，1本で百数十L分が収容可能な特殊なステンレス製の容器に入れて30〜550年間貯蔵し，放射能が減

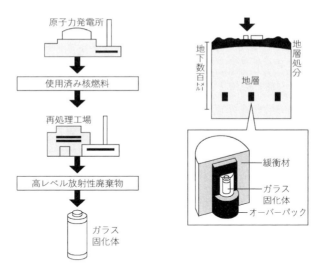

図 6-12　高レベル放射性廃棄物の処理方法

衰後，今世紀中ごろから埋める予定である。ガラス固化体は 3 万 8 千本から 7 万本分と考え，国の長期計画に沿い，地下 500 m の安全とされる深地層にすべてを埋めるケースなど，いくつか想定している。核燃機構が開発中の金属容器の設計寿命は 1,000 年となっている。処分費用は，地層の質や工事の方法によって大きく異なる。協議会では，この費用は原発に必要な経費として電気料金に反映させることが適当，としている。

　一方，高レベル放射性廃棄物を地下に埋める地層処分の研究が本格化してきた。イギリスやフランスなど海外からの廃棄物の返還が始まった現在，2040 年代には最終処分を始めるという国の計画はとても実現しそうにない，という専門家もある。岐阜県の瑞浪市と土岐市にまたがる地区に，核燃機構は超深地層研究所を建設し，地下約 1,000 m という世界で最も深いところに高レベル放射性廃棄物を埋めたとき，まわりの岩盤や地下水などがどう影響し合うかを研究する予定である。アメリカでは 2002 年，原発からでる高レベル放射性廃棄物をネバタ州ヤッカマウンテンに埋める最終処分計画が連邦議会で承認された。

　高レベル廃棄物には放射能が弱まるまでに数万年かかるものも含まれている。放射性物質の半減期は，セシウム 137 が 30 年，アメリシウム 243 が 7380 年，フルトニウム 239 が 2 万 4 千年，ハフニウム 182 が 900 万年である。それを漏

らさず，長期間管理する技術開発が必要だ。高レベル放射性廃棄物をガラスに溶かして固めてガラス固化体とし，緩衝材（粘土）やオーバーパック（炭素鋼）などで被う，多重バリアシステムという方法も検討されているが，何万年もの間，緩衝材などが腐食や地下水の浸食に耐えられるかどうかはよくわかっていない。

　政府は 2016 年，原発のゴミを 10 万年間管理することを決定した。放射能がどう漏れ出すか，核燃機構がコンピュータでシュミレーションしたところ，1,000 年後には腐食によって穴が空き，放射性物質が漏れだし，その放射能のピークは，セシウム 135 なら 400 年後，アメリシウム 243 では 7 万年後になるという。

　放射性廃棄物処理には，このように多くの難問がある。アメリカでは，核兵器開発に使われた施設での放射能汚染浄化に必要な費用は，今後 75 年間に最大 3,900 億ドルに達する，との試算を 96 年にエネルギー省筋がまとめている。この額は，アメリカが核兵器開発に費やした総予算，2 千数百億ドルを上回る。3,900 億ドルの約半分は廃棄物の管理費用であり，環境回復に約 3 割が，他は技術開発費や施設の安全維持費に要するという。

　欧州では 2020 年代に実現へ向けての研究が進められている。

6-7　ウラン臨界事故と放射線

ウラン臨界事故
と放射線
　　　　　1999 年 9 月 30 日，茨城県東海村のウラン加工施設「ジェー・シー・オー（JCO）」で，国内初の臨界*による事故が起きた。事故は，核燃料サイクル開発機構の高速増殖炉実験炉「常陽」用の燃料を作るため，濃縮度 18.8％のウラン酸化物の粉末を硝酸で溶かし，硝酸ウラニルへ精製する過程で起き作業員が被曝した。うち 2 人が死亡している。臨界状態は，核分裂を起こすウランやプルトニウムが一

---

*　核分裂連鎖反応が一定の割合で維持される状態をいう。臨界になっていることを臨界状態という。連鎖反応とは次のような反応のことをいう。核分裂では，1 個の中性子により複数の中性子を生じるが，生成した中性子も引き続いて核分裂を引き起こすことができる。次々と継続して核分裂が起こる反応を，核分裂連鎖反応という。連鎖反応の広がりは速く，核分裂が 10 万分の 1 秒より早い時間間隔で起こるようになると核爆発となる。広島の原爆はウラン 235，長崎の原爆はプルトニウム 239 が使われた。

か所に一定量以上局所的に集まると起き，自然に核分裂反応が始まって臨界事故となる。このとき核分裂生成物と同時に多量の放射線が放出される。濃縮度18.8％のウランでは，約8 kgで臨界に達する。事故は八酸化三ウラン U_3O_8 を，本来ならば2.4 kg入れるところ16 kg沈殿層に入れたため起こった。臨界事故は，1957年以降旧ソ連で3回，アメリカで4回起こっているが，1968年以降はない。この臨界事故で中性子が大量に発生し，工場の壁を突き抜けて周囲に放射された。臨界は断続的に20時間ほど続いたため，半径10 km以内にある9市町村の住民31万人に屋内待避勧告が出された。この事故で，作業員2名が死亡，住民ら660人以上が被曝し，総額148億円以上の補償金が支払われた。

　日本原子力研究所（原研）では，この臨界事故で核分裂したウラン235の原子核の数を 10^{18} 個前後であると，海外の臨界事故から推定した。質量でいえば，せいぜい1 mg程度である。飛散した放射能は，数百万人が住む土地を汚染した旧ソ連チェルノブイリ原発事故に比べると1万分の1以下と推定されている。

　国の原子力委員会は，臨界事故の背景には，「安全」より「効率」の優先があったとしている。

6-8　廃炉の時代の到来と60年超運転

　日本初の商業用原発である茨城県東海村にある東海発電所は，1997年に運転を停止し，最長で20年程度かかる原子炉の廃止措置（廃炉）の作業にはいった。運転開始から30年をへて，装置の劣化や修理に費用がかさむためである。この原発は，1966年から発電を開始した国内唯一のガス炉で，発電単価は軽水炉の約2倍と高くついていた。国内の廃炉は，日本原子力研究所の動力試験炉の例があるが，営業運転していた原子炉でははじめてであり，解体プロジェクトが進められている。新設・増設に走ってきた日本の原子力政策は「あとかたづけ」の時代を迎えた。

　廃炉の手順は，運転停止から1，2週間かけ原子炉を冷やし，使用済み核燃料棒の引き抜きから始まる。燃料棒は1万6,000本もあり，この作業だけで4〜5年はかかる予定である。その後，原子炉や配管の中の放射能を帯びた鉄錆などを取り除き，化学薬品で洗浄する。5〜10年間放置し，放射能が減衰するのを待って，5年かけて建屋を解体して廃炉の作業を終える。

廃棄物の総量は 20 万 t になると見込んでおり，きわめて低いレベルの放射性廃棄物は敷地内に埋め，低レベル廃棄物の 2 万 t は，青森県六ヶ所村の埋設施設に運ぶ。運転停止から廃棄物処分まで，全作業は 15〜20 年と長期間になる予定で，廃棄物処分を除く廃炉費用は約 250 億円と試算されている。原電では東海発電所を含む，25 年以上経過している 4 基の廃炉のため，準備金として約 690 億円を積み立てている。2010 年には運転開始から 30 年を経過する炉が 20 基に上る。

廃炉は世界でも進んでいる。アメリカ，ペンシルヴァニア州のシッピングボート原発は 1980 年代に解体され，イギリスやカナダでも経験をしている。廃炉の方法には，密閉管理，遮蔽隔離，解体撤去の大きく分けて 3 通りがあるが，日本は国土が狭く跡地を有効利用する必要から解体することになった。

原発建設にまい進してきた国や電力会社は，こうした負の部分（廃炉）を国民に十分に説明してきたとは思えない。廃炉の時代を迎え巨額のコストを国民がどう負担するか，廃棄物をどう処理するか，改めて論議して行く必要があろう。

その一方，日本では，2023 年 5 月，GX（グリーン・トランスフォーメーション）脱炭素電源法が成立し，これによって日本の原発は「原則 40 年，最長 60 年」の運転原則を次のように変更することになった。30 年を超えて運転する原子炉について，最長 10 年ごとに劣化状況を評価し，認可を受けることを義務付け，原子力規制委員会は運転開始から 60 年超の原発の審査について，40 年目の特別点検と同じ項目の追加点検を実施する。これによって，運転開始から 60 年を超える原発も運転できるようになった。原発を長期間運転すると，劣化が進行し，核分裂で放出される中性子を浴びた原子炉の圧力容器がもろくなる「中性子照射脆化（ぜいか）」や，長く高温にさらされた配管の亀裂の拡大などが生じる。このような危険性が伴うため，今まで 60 年を超えて運転した例は世界でもない。廃炉を進めている世界とは逆行した流れを，日本は進むことになる。

「もんじゅ」の事故，「核」依存の生き方に警告

名大元教授　池内　了

　原子力のことを考えると，私はいつも，夢のエネルギーと信じ込んで原子力工学科を受験しようとした若いころを思い出す。原子力を操作しようという人間の傲慢（ごうまん）さに重大な疑問を持ち，私なりの批判活動もしてきたが，私もその恩恵にあずかって，原発を遠くに押しつけ，都市生活で安逸（あんいつ）を貪（むさぼ）ってい

る。

・・・・・・・・・・・・・

　地球上のすべての営みは，原子が結合したり分解したりする「化学反応」で支えられている。その根本は太陽エネルギーで，せいぜい 1,000℃ の温度で反応が進む。

　一方，原子力エネルギーは，原子の芯にある原子核が融合，分裂する「核反応」によって生ずる。核反応は太陽の中心部で 1,000 万℃ もの温度で起こっている反応である。この温度差をみれば，二つの反応が本質的に異なっていることがわかるだろう。核反応は輝く星の世界，化学反応は生命が生きる惑星の世界の営みなのである。

・・・・・・・・・・・・・

　私たちがとるべき方向は，資源やエネルギーの多消費構造を改め，せめて 5 年前のレベルに 5 年かけて戻り，10 年前のレベルに 10 年かけて戻るという縮小路線に移ることでないだろうか。

朝日新聞

　地上のすべての生き物は，その生命活動をたかだか，自己の体温の範囲で行って維持していることを思いおこしてほしい。

6-9　東京電力福島第一原子力発電所事故

　2011 年 3 月 11 日，午後 2 時 46 分，東日本を三陸沖を震源とするマグニチュード（M）9 の巨大地震が襲った。発生した津波は高さ 10 m の防波堤を乗り越え，東京電力福島第一原子力発電所（東電福島第一原発）をのみ込んだ。この津波により原発の 1～5 号機で全ての電源が喪失，炉心損傷に至る過酷事故が発生した。冷却機能を失った原子炉は，燃料が溶けて底にたまる炉心溶融（メルトダウン）が 1～3 号機で起き，12 日に 1 号機が，14 日に 3 号機が水素爆発。15 日，4 号機で爆発，同時に 2 号機付近で衝撃音が走った。4 号機は定期点検中のため燃料はなく，爆発は 3 号機から配管を通じて水素ガスが流れ込んだのが原因とみられている。

　水素爆発は燃料の被覆管として使われているジルカロイ（ジルコニウム合金）が高温の水蒸気と反応して水素が発生し爆発が起った。

$$Zr + 2\,H_2O \longrightarrow ZrO_2 + 2\,H_2, \quad 2\,H_2 + O_2 \longrightarrow 2\,H_2O$$

　メルトダウンにより 1～3 号機のそれぞれから毎時 1 千万ベクレルから 4 千万ベクレルの放射性物質が放出され，同時に 1～4 号機の原子炉建屋やター

ビン建屋に高濃度放射能汚染水がたまった。汚染水の一部は海に漏れだし，放出された放射能量は 2013 年 1 月現在 4,700 兆ベクレルと推定された。

　福島第一原発事故は，原子力事象評価尺度（INES）で 1986 年に起きたチェルノブイリ原発事故と同じ「レベル 7」とされた。大気中に放出された放射性物質の総量は 90 京ベクレルで，福島県北西部の住民の多くが被曝した。福島県では浪江町など 8 市町村が避難区域に指定され，2012 年 8 月では，約 16 万人が県内外で避難生活を続けた。帰還できない年間放射線量 20 ミリシーベルト以上の地域は，除染をしなければ 5 年後も 7 市町村に残るという。原発事故は人心，農業，漁業など国民生活に計り知れない影響を与えた。一方，国が開発していた緊急迅速放射能影響予測システム（SPEEDI）は活用されず，住民の安全と避難に混乱が生じた。さらに，国際原子力機関（IAEA）が加盟国に示した基準の見直し（2007 年）に合わせた防災指針も，社会的な混乱を惹起し，ひいては原子力安全に対する国民不安を煽るとして経済産業省原子力安全・保安院が強硬に反対し導入が見送られた。もし，実現されていたならば，住民への影響も軽減できた可能性がある。

　一方，原子炉建屋では溶け落ちた燃料を冷やした水に地下水などが加わり，汚染水が増え続けている。この水のタンクも次々に増え，処理済みの水は 125 万トンにのぼる。政府は海水で薄めて何十年もかけて海に流すことになりそうだ。

　地球の陸地の 0.3％の日本とその周辺の海域で世界の地震の約 10％が起こるとされている。地震列島に世界の 12％に相当する 54 基の原発が集中していた。巨大津波を起した東日本大震災は，日本の観測史上初の M 9 クラスの巨大地震だった。東電が想定した津波の高さは 5 m 余りだったが到来した津波は 15 m を超えた。東電は 2008 年ごろから，巨大津波について不安視し，独自に調査して最大 15.7 m の津波を想定したが，堤防をつくる費用が嵩むため見送った経緯がある。炉心損傷に至る過酷事故を想定した対策の不備も，周辺住民の避難に関する混乱も，甘い想定にとらわれていたことに起因する。事故は原子力施設の脆弱性を露呈した。作家柳田邦男は「原発を推進してきた専門家，政府，電力会社のすべてに共通するのは，原子力技術への自信過剰であり『安全神話』を浸透させ，万が一の事故に備える発想の芽をつんでしまったのではな

かろうか」という。原発事故を検証する国会事故調査委員会は事故は「自然災害でなく人災」と断定した（2012年7月5日）。

　ウランの核分裂では約80種の放射性物質が生れる。広島の原爆で核分裂したウランは80g。これに対して標準的な原発は1基につき年間1tのウランを核分裂させている。いったん暴走すれば，このエネルギーは人間を襲い環境破壊をもたらす。福島原発事故の惨事は，事故が起れば途方もない被害を受けるという危険に世界が直面していることを示した。福島第一原発の周辺では，いまも5万人以上（2016年現在）が避難を強いられており廃炉作業が延々と続いている。2020年には「帰還困難区域」以外の避難指示がすべて解除された。

　原子力の安全は，原発を有する国の責任であるが，事故は国境を越えて影響を及ぼす。

　経済産業省は2016年，福島第一原発事故の賠償や廃炉などの費用が22兆円に上るとの試算を公表した。この値は2013年の想定の11兆円の2倍だ。この巨費は電気料金に上乗せされ，長く国民が負担することになる。

　一方，溜まり続ける原発の処理水を大量の海水で薄めて海への放出を始めた。2023年度は，タンク約30基分に当たる3万1,200tを4回に分けて放出する。少なくとも約30年は続く計画である。

6-10　世界の原子力発電の動向

　原子力発電の民営化を1996年夏に迎えたイギリスでは，1995年12月に原発3基の建設計画の撤廃を決めた。やはり，経済性への不安が理由となっている。再開の含みも残しているが，事実上，原発建設の終わりを意味するとの見方が強い。1990年の電力事業民営化の際，原子力は，廃棄物処理にかかる費用が不安視された結果，民営化から外され，国営のまま残っていた。また，天然ガスを燃やして発電し，その廃熱で再度発電をするコンバインドサイクル（CGS）が，高い発電効率を上げているため，経済性から原発を敬遠する空気も強い。

　現在，旧西欧ブロックで残る具体的な原発建設計画は，フランスとフィンランドの1基だけとなっている。一方，フィンランドでは2002年，30年ぶりに原発新設を決議した。

　地球規模の放射能汚染を引き起こした旧ソ連のチェルノブイリ原発事故（4号炉)[13] は1986年4月26日に起きた。当時，風向きから放射能物質（広島に投下された原爆の800倍ともいわれる）の約7割がベラルーシに降ったと見られる。事故から30年後の2016年になっても，傷がいやされるどころか，広い地域で健康被害が広がり，被災したベラルーシでは，国土の約14%がなお深刻な放射能汚染にさらされている，と予想される。その後，チェルノブイリ原発は2000年12月，残っていた3号炉も全面閉鎖された。

　事故を起こした原子炉と同程度の安全水準にあると思われる原発は，旧ソ連，東欧諸国に，いまだに10基も運転されている。中国や東南アジアでは，今世紀初めにかけて，数多くの原発建設が見込まれている。これらの原発の安全をどのように確保して行くかも問題である。

　スウェーデンでは，1980年の国民投票で原発の全廃を決めており，1999年11月から稼働中の原発1基の閉鎖に向けた作業が開始された。ドイツでも2000年，政府と電力会社で合意がなされた。合意は，新しい原発は建設せず，いまある原発（19基）も段階的に閉鎖して行く，という内容となっている。ドイツでは，2030年に電力の45%を再生可能エネルギーでまかなう計画である。原発が全発電量の25.3%を占める台湾では，建設中の原発の継続か中止かで世論が揺れている。2002年3月，ベルギー政府も「原発全廃」を決定した。

　スイスは5基の原発を持つが，東日本大震災を契機に脱原発を決めた。

　アメリカは世界最大の99基（2016年）の商業炉を持つ原発大国だが，1979年のスリーマイル島原発事故を契機に原発建設が1978年を最後に止まっていた。1979年3月，同島の原発で炉心が溶融する事故が発生し，放射能が外部に漏れた。しかし，アメリカでは現在建設・計画中の原発は10基となっている。

　原子力の安全は「一蓮托生」という認識から出発しなければならない。チェルノブイリの事故は，世代を越えて人と大地をむしばみ続ける原発事故の恐ろしさを物語る未来像だ。いずれにしても，原子力発電は，最終的に国民が決める必要がある。

原発と温暖化　「気候変動に関する政府間パネル（IPCC）」の第4次報告書が2007年に出された。これによると，注目されるのは核拡散や放射性廃棄物の問題を規制条件にあげつつも，温室効果ガスの削減に向

けた必要な「主要技術」として，原発を初めて積極的に位置づけた。報告書を
まとめる際に，欧州各国からは慎重な意見があったが，アメリカからは推進論
が出された。

　温暖化対策やエネルギー安定供給などを理由に，原子力回帰の動きを見せる
国は少なくない。2016 年の時点で，世界の原発は 434 基が運転されており，
発電設備容量の合計は 3 億 9,887 万 kW。総発電量は 2013 年時点で 24,790 億
kWh で発電量の 15％を占めるに至っている。アメリカでは 30 年ぶりに建設
の動きが出ており，中国やインド，韓国にも計数十基の新設計画がある。2016
年世界で建設・計画中の原発は 175 基（出力合計 1 億 7,548 万 kW）。

　2022 年，フランスでは原子力発電所 6 基を国内に新たに建設することを明
らかにした。また，58 基ある原発のうち，老朽化する 14 基を 35 年までに閉
鎖すると約束したが，撤回するとした。

　日本は地球温暖化を防ぐパリ協定で，CO_2 などの温室効果ガス排出量を，
2030 年度に 2013 年度比で 26％減らす中期目標を掲げる。そのためには，東電
の事故後，電源構成比の割合が 10％（2019.2）に満たないとみられる割合を，
30 年度に 20〜22％程度に上げることが前提となっている。原発事故時，国内
には原発は 54 基あったが，その後，23 基の廃炉や廃炉方針が決まっている。
すでに再稼働したのは 9 基。

　ここにきて，原発の再稼働と福島第一原発の溶け落ちた核燃料を冷やす過程
で生じたトリチウムを含む汚染水を 1 キロ沖合に放出する計画が浮上してきて
いる。

原発の立地条件　　　原子力発電所を建設する場所は，安全の面からいくつか
の条件を満たす必要がある。

1．広い敷地が得られること。
2．地震に備えるため，地層に活断層がないこと。
3．巨大な構造物を固定できる堅固な岩盤があること。
4．大量の廃熱を処理できる水（日本では海水）が確保できること。
5．建設のための巨大で，しかも大量の資材を搬入（多くは海上輸送）でき
　ること。
6．人口密集地をさけること。

　原発は限界的な地震（周辺でこれ以上の大きな地震は考えられないという地震）にも耐えられる設計となっている。万一，地震（震度5程度）が起こったときには自動的に制御棒が挿入され，原子炉は安全に停止するようになっているという。制御棒は核分裂連鎖反応を制御するもので，中性子をよく吸収するカドミウムやホウ素の化合物でできている。これまで建設された原発は，この条件を満たしてきた。

　　　　「科学が人間の知恵のすべてであるもののように考えることは，
　　　　　一つの錯覚である」

寺田寅彦

■参考・引用文献

1）経済産業省ホームページ「エネルギー白書2023」（2023.6.6）

2）資源エネルギー庁ホームページ「日本の原子力発電の状況」（2023.10.27）

3）電力事業連合会ホームページ「プルサーマルの実施実績」

4）国立研究開発法人日本原子力研究開発機構　敦賀廃止措置実証部門ホームページ「「ふげん」開発の経緯」

5）国立研究開発法人日本原子力研究開発機構ホームページ「ふげんのあゆみ・第10章　ATR実証炉プロジェクト」

6）電気事業連合会ホームページ「プルサーマルの現状」

7）電気事業連合会パンフレット「プルサーマルQ&A」（2011）

8）内閣府原子力委員会ホームページ「プルサーマル計画の推進に係る取組の強化について」（電気事業連合会，2022.12.16）

9）長崎大学核兵器廃絶研究センターホームページ「分離プルトニウムの保有量（2023年6月）」（2023.6）

10）特定非営利活動法人原子力資料情報室ホームページ「英仏に保管されている日本のプルトニウムの保障措置状況」（2022.3.1）

11）内閣府原子力委員会ホームページ「令和4年における我が国のプルトニウム管理状況」（内閣府原子力政策担当室，2023.7.18）

12）長崎大学核兵器廃絶研究センターホームページ「世界の核物質データポスターしおり　2023年6月版」（2023.6）

13）七沢潔，『原発事故を問う（岩波新書）』，岩波書店（1996）．

7

廃棄物問題と
マイクロプラスチック

　1990年代，廃棄物の問題で大きくクローズアップされたのは「ダイオキシン」である。ダイオキシンは，「地球上で最強の毒物」と言われたが，それが普通のごみ焼却炉で発生していたということで，非常に大きな問題となった。しかし，環境省・厚生労働省が働きかけて，日本の排出量は激減し，残留量の問題だけになりつつある（もちろん，それはそれで大きな問題である）。その一方，

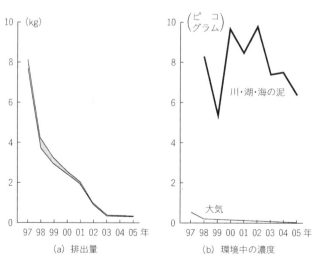

表7-1　ダイオキシンの排出量と濃度の変化
（環境省調べ）

近年クローズアップされるようになったのは「マイクロプラスチック」の問題である。その海洋への流入量は年を追うごとに増加し，このままでは，2050年には，海洋における魚の量とプラスチックの量は，ほぼ同じくらいになる，という試算がある。日本では，廃棄物は一般廃棄物と産業廃棄物が分かれていて，特に産業廃棄物の問題が大きい。

7-1　ダイオキシン－豊かな生活から生み出された最悪の化合物－

　ダイオキシンは，通称で化学名ジベンゾ-p-ジオキシン（dibenzo-p-diokin）という。この誘導体には，全部で 75 もの異性体が存在する（図 7-1）が，中でも 2,3,7,8- テトラクロロダイオキシン（2,3,7,8-TCDD）はダイオキシンの中でも最も毒性が強く，この化合物そのものを「ダイオキシン」という場合が多い。その毒性の示準として LD_{50} の値を表 7-2 に示す。サリンや青酸カリウムよりもはるかに毒性が強く，ベトナム戦争でアメリカ軍が使った枯れ葉剤に含まれていて，多くの胎児奇形を引き起こした催奇形成化合物としても知られている。厄介なことに自然界では分解せず，一旦自然界に放出されると，食物や水や空気を通して人体に入り，体内の脂質に蓄積される。

　このダイオキシンは，塩素の入った有機化合物（代表的なのは塩ビ）または有機化合物と塩素化合物（代表的なのは塩化ナトリウム）を 300〜500℃ 程度で燃焼させると生成する。これは 1990 年代までにつくられた焼却炉の燃焼温

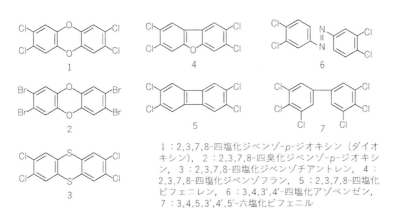

1：2,3,7,8-四塩化ジベンゾ-p-ジオキシン（ダイオキシン），2：2,3,7,8-四臭化ジベンゾ-p-ジオキシン，3：2,3,7,8-四塩化ジベンゾチアントレン，4：2,3,7,8-四塩化ジベンゾフラン，5：2,3,7,8-四塩化ビフェニレン，6：3,4,3′,4′-四塩化アゾベンゼン，7：3,4,5,3′,4′,5′-六塩化ビフェニル

図 7-1　ダイオキシンとその類縁化合物

表 7-2　いろいろな毒性物質[1]　　　　　　　(g/kg)

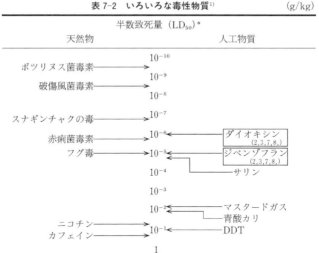

半数致死量 (LD$_{50}$)*

天然物		人工物質

ボツリヌス菌毒素 ──→ 10^{-10}

10^{-9}

破傷風菌毒素 ──→ 10^{-8}

スナギンチャクの毒 ──→ 10^{-7}

赤痢菌毒素 ──→ 10^{-6} ←── ダイオキシン (2,3,7,8,)

フグ毒 ──→ 10^{-5} ←── ジベンゾフラン (2,3,7,8,)

10^{-4} ←── サリン

10^{-3}

10^{-2} ←── マスタードガス

←── 青酸カリ

ニコチン ──→ 10^{-1} ←── DDT

カフェイン ──→

1

* 半数致死量：ねずみ（ラットやマウス）に与えたときに半数のねずみが死亡する量

度と一致するのである。その結果，1997 年の日本のダイオキシン総排出量は 7,680-8,135 g-TEQ/ 年（TEQ は毒性当量）で，その 9 割以上はごみ焼却炉からの排出であった。この値を，WHO が定めた「人が一生摂取し続けてもいいダイオキシンの量（耐用 1 日摂取量）」が体重 1 kg あたり 4 ピコ g（ピコは 1 兆分の 1 と比較すると，途方もない値であることがわかる。

　これを受けて，環境省と厚生労働省は，2000 年に「ダイオキシン類対策特別措置法」を施行し，焼却施設への厳しいダイオキシン排出規制を行い，排出量は一挙に改善の方向に向かった。焼却炉の燃焼温度と，燃焼から排出されて中和させるまでの排気ガスの温度を 800℃ 以上に保つこととした。これによって，ダイオキシンは焼却炉からほとんど排出されなくなった。この法律施行から 5 年で，ダイオキシン排出量は 9 割削減され，2023 の排出量は 98～100g-TEQ/ 年と，1997 年比 99％削減された（図 7-3）。さらに令和 2 年度調査における食品からのダイオキシン類の日本人の一日摂取量は，平均 0.40 pg TEQ/kg・bw/ 日と推定されている。このように「ダイオキシンの生成」についてはほぼ解決したが，問題なのは，この法律施行前にできた焼却施設である。

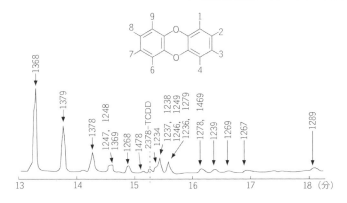

図7-2 大気粉塵中のダイオキシンの分析(GC/MS)

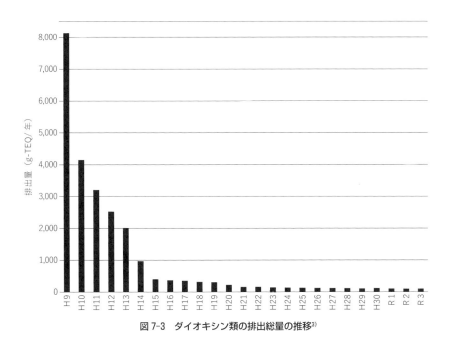

図7-3 ダイオキシン類の排出総量の推移[3)]

この内部にはダイオキシンが多量に付着しており，解体できずにそのまま残っ
ている状態である。2005年に環境省が行った調査では，日本全国で612箇所
にのぼり[5)]，解体はあまり進んでいない。

日本における塩の年間消費量は百数十万トンにおよび，そのうちの80％が工業用に使われている。言い換えると，われわれの豊かで便利な生活は，何らかの形で「塩」が係わっているのである。今日の大量生産・大量消費・大量廃棄のわれわれの物質文明が，ダイオキシン問題を引き起こした，という皮肉な結果となった。

7-2　一般廃棄物と産業廃棄物

日本では，廃棄物は「一般廃棄物」と「産業廃棄物」に区分されている。「一般廃棄物」は各家庭から排出されるもの，「産業廃棄物」は各産業から排出されるものである。一般廃棄物は，各家庭から排出されたものを，各市町村が処理をする。産業廃棄物は，指定業者が処理し，各都道府県が管理をすることになっている。

一般廃棄物　環境省によると，令和3年度におけるごみ総排出量は4,095万トン（東京ドーム約110杯分），1人1日当たりのごみ排出量は890グラムである。ごみ総排出量は平成24年度以降減少傾向であり，令和3年度までに約1割減少した（図7-4）。かなり日本人がゴミを減らす意識を

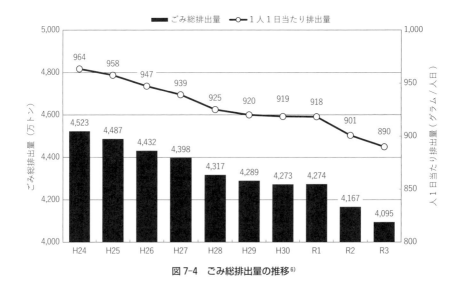

図7-4　ごみ総排出量の推移[6]

している結果とも言えるが，それでもまだこの9年間で1割程度しか減らないのである。

　一般廃棄物は，焼却すると重量は1割程度になり，焼却灰（スラグ）となる。このスラグの廃棄場所（最終処分場）が問題になっている。今のペースで廃棄した場合，最終処分場の残余年数は全国平均で23.5年である。また，最終処分場を有していない市区町村は，全市区町村数の17.2%にのぼる。これらの市区町村は，スラグをほかの市区町村にもって行って廃棄しているのである。首都圏の場合，北海道・東北に持っていって廃棄しているケースが多い（図7-5）。

産業廃棄物　　産業廃棄物は，かなり深刻である。令和2年度総排出量は3億7,382万トンで，一般廃棄物の約9倍にものぼる。この10年間

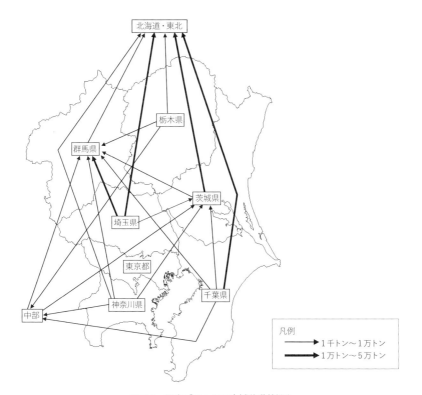

図7-5　関東ブロックの広域移動状況[6]

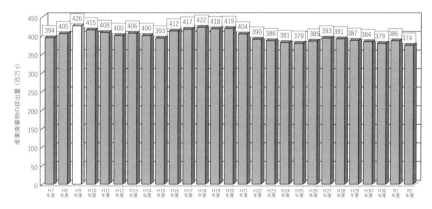

平成8年度より排出量の推計方法が一部変更されている。平成8年度及びそれ以降の排出量は、「廃棄物の減量化の目標量※」（平成11年9月28日政府決定）と同じ前提条件で算出されている。
※ダイオキシン対策基本方針（ダイオキシン対策関係閣僚会議決定）に基づく政府の設定値

図7-6　産業廃棄物排出量の推移[7]

では，ほぼ横ばいとなっている（図7-6）。産業廃棄物の中身は，汚泥の排出量が最も多く全体の44％，次いで動物のふん尿が22％，がれき類が16％）で，これら3種類の排出量が全排出量の約8割を占めている。産業廃棄物も，一般廃棄物と同様に「最終処分場」が問題となっている。直接最終処分と，再生処理を経て最終処分される量をあわせると，全体の2.4％にすぎないが，それでも約900万トンが最終処分量となる。産業廃棄物の問題点の一つが「不法投棄」である。令和3年度では，年間107件・総量3.7万トンもの悪質な不法投棄が新規に発覚し，ピーク時の平成10年代に比べて大幅に減少したものの，いまだ後を絶たない状況にある。これは，産業廃棄物の最終処分場がかなりひっ迫していること（残余年数：令和3年度19.3年）が挙げられる。また，再生量が廃棄量全体の8％にしか及ばない「汚泥」の処理も，問題として挙げられる。

7-3　プラスチックの生産と廃棄

日本のプラスチックの年間生産量と消費量は現在約1,045万トンだが，このうちリサイクルできるのはわずか177万トンである。さらに，その多くがリサイクル工場内で廃棄されるため，市場に戻ってくるプラスチックは33万トンにすぎないのが現状である。

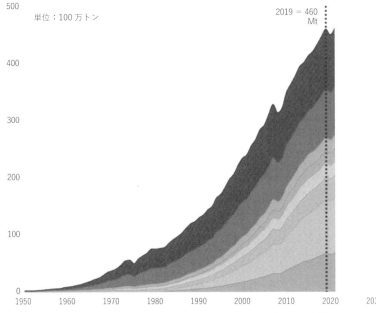

単位：100万トン

2019 = 460 Mt

図 7-7　増加傾向が続く世界のプラスチック消費量（OECD 提供）[8]

　世界でみると，2019 年の世界のプラスチックごみ（プラごみ）の発生量は 3 億 5,300 万トンに達し，これは 2000 年に比べ 2 倍以上に増加した，とする報告書を OECD が 2022 年に発表した[8]。2019 年のプラスチックの生産量は 4 億 6,000 万トンで，2000 年と比べやはり 2 倍以上（図 7-7）。プラごみの増加は生産量の増加をそのまま反映した形になっている。

　プラごみの発生量が減らない最大の要因は，一向に改善されないリサイクル率の低さで，2019 年はプラごみ全体の 9 ％にしかない。焼却処分が 19％，適切に埋め立てられたのが 50％で，残りの 22％は野外で燃やされたり，環境中に流出したりした。

　河川や海など，水環境への流出は 2019 年 1 年間で 610 万トン。このうち，海への流出は 170 万トンだった。累積でみると，1950 年以降生産されたプラスチックは 83 億トンを超え，63 億トンがごみとして廃棄された。そのうち，河川には 1 億 900 万トン，海には 3,000 万トンがすでに堆積しているとみられる。

これらのデータから，海洋への流出は今後，数十年という長い間続き，これが「プラごみによる海洋汚染」となっていくことを警告している。実際に試算すると，現状のペースでは，2050年までに120億トン以上のプラスチックが埋立・自然投棄されることになり[9]，この2050年においては海洋中のプラスチック量が魚の量以上に増加する，という推計もある。

マイクロプラスチック　このように，河川，海洋に流れ出た微細（大きさが5ミリ以下）なプラスチックをマイクロプラスチックという。マイクロプラスチックには，「一次的」と「二次的」がある。歯磨き粉や洗顔料，化粧品，柔軟剤などに入っていたマイクロビーズ（数ミクロンから数百ミクロン（0.1ミリ））は製造過程ですでに入っているので，これらを「一次的マイクロプラスチック」といい，排水溝から川や海に流れ込む。それに対して，環境に排出されたプラスチック製品が，海や川に流れて紫外線，河川で流れるときや海の波など，さまざまな自然環境によって劣化し，ボロボロに細かく砕かれてできたものを，「二次的マイクロプラスチック」という。この分解のスピードは非常に遅く，通常のビニール袋で10～20年，釣り糸では600年もかかる（表7-3）。使用に伴って表面が削れた人工芝や，水田で徐々に溶かすために表面をプラスチックで覆っているコーティング肥料などもある。

　1年間に海に放出する世界のプラスチックの割合は，マイクロプラスチックで約20％を占めるといわれている。

　マイクロプラスチックは，その小ささから人間の体の中にも入り込む。その

表7-3　ゴミが自然界で分解されるのに要する期間（抜粋）[10]

モノフィラメントの釣り糸	600年
プラスチック製の飲料ボトル	450年
紙おむつ	450年
発泡プラスチック製のブイ	80年
ゴム長靴の底	50～80年
発泡プラスチック製のカップ	50年
ナイロンの生地	30～40年
プラスチック製のフィルム容器	20～30年
ビニール袋	10～20年
タバコのフィルター	1～5年
ペーパータオル	2～4週間

ルートは，水や食べ物を通じて口から入ったり，空気を吸いこんだりするなど，さまざまな可能性がある。マイクロプラスチック自体も化学物質なのと，プラスチックに混入されている可塑剤なのどの添加剤も化学物質なので，体内に取り込まれると，炎症やアレルギー反応をおこす可能性がある[11]。すでに様々な魚などの海洋生物の胃から，多数のマイクロプラスチックが発見されている。

イギリス・ハル大学の研究チームが，2021年に発表したデータによると，人間は食事を通じて一人当たり年間5万個を超える微小プラを摂取している恐れがあり，特にシーフードを好んで食べる日本の摂取量は世界平均よりも多く最大13万個に及ぶと推定している。

2018年にアメリカのミネソタ大学の研究チームが，アメリカ国内の水道水中に，1リットル中に最大60個ものマイクロプラスチックが混入していたことを突き止めた（日本は未調査）。あわせてビールにもマイクロプラスチックが混入していた。その混入ルートはまだ解明されていない。もはや他人事ではないのである。

**リサイクルと
その問題点**　前述の通り，プラごみを減らす一つの方策は「リサイクル」である。「容器リサイクル法」の施行により，いわゆる家庭などからでる「きれいなプラスチックごみ」，日本では国内循環されている。しかし，その一方で，汚れが付着したり，複合材料に購入されているプラスチックは，リサイクル前に一度処理が必要で，リサイクルにコストがかかる。そのようなプラスチックは，日本から海外に輸出されていた。輸出先は，かつては中国がメインだった。2016年時点で，年間におよそ150万トンもの廃プラスチックが輸出されており，その約60％が中国へ輸出されていた。しかし，2017年に中国がごみ受け入れ拒否を打ち出し，行き場を失ったプラごみが，今度は東南アジアの国々に輸出されるようになってしまった。ただし，輸出量は減少傾向にあり，2020年では82万トンまで減少し，その輸出先はマレーシア，ベトナム，台湾，タイ，韓国となっている（図7-8）。世界全体でみれば，プラごみの総量は約2.8億トン（2015年）。非常に大きな問題なのである。

ただ，これらの受け入れ国で，処分しきれないプラごみが野積みとなっており，それらが雨などによって河川・海に大量に流れて，あるいは風に飛ばされ

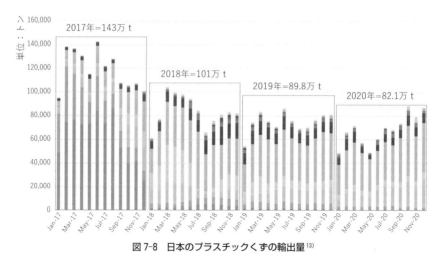

図7-8　日本のプラスチックくずの輸出量[13]

て空気中を漂い，マイクロプラスチックの大きな発生源となってしまっている現状がある。

　2021年1月にバーゼル条約が改正され，プラごみを輸出する際には事前に相手国の同意が必要となった（ただし，相手国の同意があれば輸出は可能であり，「輸出禁止措置」ではない）。これにより，先進国は，自国内でのリサイクルがより一層強く求められることになった。

7-4　おわりに

　廃棄物問題は，ダイオキシンの問題に象徴されるように，今日の「大量生産・大量消費・大量廃棄のわれわれの物質文明」が，引き起こしている問題である。今一度，「資源の無駄使い・使いすぎ」を見直さないと，取り返しのつかないことが起こる「象徴」とも言える。

■引用・参考文献

1）竹内正雄，益永茂樹，今川隆，山下信義，多賀光彦『ダイオキシンと環境』，三共出版（1999）．

2）環境白書平成28年版，環境省

3) 環境省ホームページ，ダイオキシン類の排出量の目録（排出インベントリー）について（2023.3.31）

4) 厚生労働省ホームページ，令和2年度食品からのダイオキシン類一日摂取量調査等の調査結果について（2023.12.23）

5) 環境省ホームページ，廃焼却炉の円滑な解体の促進について（2006.1.13）

6) 環境省ホームページ，一般廃棄物の排出及び処理状況等（令和3年度）について（2023.3.30）

7) 環境省ホームページ，産業廃棄物の排出及び処理状況等（令和2年度実績）について（2023.3.30）

8) 科学技術振興機構「サイエンスポータル」ホームページ，「2019年のプラごみ発生3億5,300万トン，OECDが「海洋汚染続く」と警告する報告書」（2022.2.24）

9) 環境省ホームページ，プラスチックを取り巻く国内外の状況＜参考資料集＞

10) U.S. National Park Service; Mote Marine Lab, Sarasota, FL and "Garbage In, Garbage Out," Audubon magazine, Sept/Oct 1998.

11) 一般社団法人プラスチック循環利用協会ホームページ，「マイクロプラスチックってなに？どうして環境に悪いの？わかりやすく解説します！」（2023.1.13）

12) 織朱實，わが家のごみ箱はSDGSとつながっている！日本のごみはどこに行くの？，ウェブ版　国民生活，No.103，pp.17-19，独立行政法人国民生活センター（2021.3）

13) 環境省ホームページ，バーゼル条約附属書改正と改正を踏まえた国内運用について（2021.3.15）

8

いま，文明はどこへ
向かおうとしているのか

8-1　危機を迎えた資本主義

　いま，人類が行き着いた今日の文明が一つの転換期を迎えようとしている。それは，地球規模で生じている環境破壊が重大な局面を迎えているからである。「人間は自らの努力で進歩してゆく」，という確信が近代以降の歴史の根底を支えてきたが，そうした進歩が人類の生存すら脅かしている。

　長い人類の歴史を，自然環境という観点からみると，人類は農耕文明を作り出して以降，ずっと自然環境を変化させ続けてきた。飢えや寒さから逃れたい，という素朴な生物としての人間の本能から始まった自然環境破壊はどこまで進行するであろうか。18 世紀に入って始まった産業革命は，科学技術の急速な進展と相まって，今日の大量生産・大量消費・大量廃棄の現代社会へと導いた。人間の「ああしたい」，「これもほしい」，という求めてやまない欲望に応え発展してきた科学技術。科学技術によって支えられ，膨張してきた人間の限りない欲望が手に入れた豊かで便利で清潔な生活は，新たな欲望を増殖・肥大させている。豊かさを追い求めてきた人類の歴史が，必然的に地球の限りある財をむしばんできたのである。資源を消費し，環境を破壊する経済発展は，人類に一時的な繁栄をもたらすだろうが，持続可能（sustainable）なものとはなり得ない。欧州連合（EU）は，基本的理念として持続可能な発展を掲げる。

　冷戦が終結し，地球上を席巻したはずの市場経済システム自身が，危機の構造から抜け出せずにいる。1998 年，ニューヨーク州立大教授の社会学者イマ

ニエル・ウォーラースティンは，次のように述べている。

　「現代は，500 年前にヨーロッパで生まれた資本主義のシステムが，地球規模に広がると同時に危機を迎えている。経済の近代化は，それぞれの国の中で極端な貧富の差を生み出し，21 世紀の新しい時代を目前にしながら，未来の社会のための明確な指針が見あたらない。われわれは何を手がかりに進めばよいか」，と。

　未来の社会を変えるためのガイドの不在は，まさに，今日の文明の危機を表している。過去 150 年の間に，社会を変えようとするさまざまな運動が起きた。それは，社会主義や革命や民主主義と呼ばれてきたものであるが，そうした運動の多くが失敗し，あるいは挫折した。その結果，進歩という概念に対する幻滅も広がっている。歴史は進歩するから心配はないと主張するのは，いまでは体制や保守主義者の側だという奇妙なことになっている。

　さらに彼は，「未来の世界秩序は想像もつかない形で現れる。その姿は，まだ予見できない。いまの文明が崩壊した後の新しい世界の姿は，一人ひとりの未来にどうかかわるかによって大きく変わるはずだ。ひとつの文明が 500 年間続いたことは歴史上，とくに長くも短くもない。どんな文明にも必ず終わりがある。私が最近重視しているのは"ユートピスティックス"という言葉で，これは未来のユートピアのための科学的研究のことである」と述べ，「どのような世界を次につくるのか。いまこそ真剣に研究し，論議しなければならない時だ。そのためには，学問や知の世界も変化を迫られるであろう。社会や人間を扱う学問も，新しい時代に向けた自己変革が必要になるはずだ」，とも言っている。

　また，アメリカの経済学者レスター・サロー（マサチューセッツ工科大学名誉教授）は，著書『資本主義の未来』[1)] で，「平等を基本とする民主主義と，不平等の拡大を生む資本主義の矛盾が増大し，民主主義と資本主義の間に緊張が高まっている。要因は，地球規模での貧富の差の拡大だ。市場経済のもとで，多くの国民が激しい競争にさらされ，米国のように富と貧困の二極化が進んでいる。現在の世界は，冷戦終了後，民主主義と資本主義の相克という結果にいたっている」，「不平等がどこまで進行すれば，民主主義が破綻するか，答えはまだ出ていない」，と記している。

174

　貧富の差は拡大していくとしても，底辺の生活水準が上がっていけば，資本主義と民主主義の併走は可能かもしれない。しかし，それにはひたすらな経済成長が必須の条件となる。

　科学技術の発展に伴う人口の増加は，地球をますます狭くしている。経済成長と地球環境は両立できるか。このままで行けば，むしろ低成長のもとでの貧富の差が拡大し，社会の分裂が進む可能性が現実的なものとなり，環境破壊も深刻となるであろう。

　近代科学技術文明が「人間の精神崩壊」，「人間性の喪失」を一面でもたらしている。

　市場経済万能のアメリカでは，ウォール街で強欲な高額所得者を生む一方，職のない若者やホームレスを数多く生んでいる。キラキラした富と，貧しさが同居している。

　先進国と途上国にある不公平感をなくし，未来の世代の権利も保障する「真の豊かさ」を共有する社会をつくる必要がある。消費志向の先進国の生活様式は，倫理的にも先進国だけに許されるものではない。

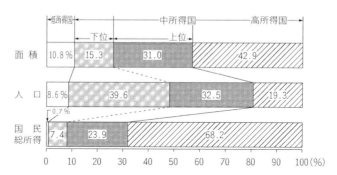

図 8-1　世界銀行の分類による面積・人口・GNI の分布（2010 年）[2]
　低所得国は 1 人あたり国民総所得（GNI）が 1,045 ドル以下の国，中所得国のうち下位は 1,046 ドル以上 4,125 ドル以下，上位は 4,126 ドル以上 12,735 ドル以下の国，高所得国は，12,735 ドル以上の国である。

8-2　経世済民

　「経済」とは本来，人間社会における価値の創造と配分（生産，分配，交換，消費）を問題としている。経済は中国，随末（584～618 年頃）の書物『文中子』

にある「経世済民」（世の中を治め，人民の苦しみを救うこと，「経国済民」と
もいう）という言葉を想起するまでもなく，「あるべき社会」を論じることに
ある。市場原理主義は，あるべき社会を論じることもせず，「利が利を生む市
場の効率」をもっぱら追求している。多くの為政者，エコノミストは「市場の
声」をただ唯一の価値基準として黙認し，世界の人々は，勢いづく市場の前に
なすすべもなく立ち竦んでいる。

　国連人口部（2016年）によれば，日本などの先進国が少子化に悩む一方で，
現在の世界人口は74億3,266万人。見通しでは1950年に約25億人だった人
口が，2050年には79億人に達すると予測されている。18世紀，産業革命前の
世界人口が約6億人であったが，エネルギーの大量消費による生活向上により
この3世紀で10倍に増加した。一方，世界銀行は，2015年に国際貧困ライン
を1日1.90ドルと設定した。貧困層は2012年に約8.96億人，2015年には7.2
億人（世界人口の9.6％）に減少したが，貧困層の減少には程遠い。経済競争
によって「持てるもの」と「持たざるもの」の格差が広がり，争いや犯罪の原
因になっている。「一人勝ち」，「勝ち組・負け組」が生じる社会がどうして健
全な社会といえるであろうか。

　アナン元国連事務総長は「グローバル化が成功するには，貧しい人にも富ん
だ人にも等しく成功がもたらされるべきであり，富みに加え，権利が与えられ
るべきである。経済的繁栄と通信の改善に加え，社会的公正と公平が実現され
るべきである」と述べている。また2000年6月，スイスのジュネーブで開か
れた国連社会開発特別総会では「貧しい人を半減させるため，先進国はこの問
題に無関心であってはならない」と強調した。

　経済評論家，内橋克人は，自書『〈節度の経済学〉の時代』（2003年）[3]の中で，
「今日，世界を巡るマネーは300兆ドルといわれる（年間通貨取引高）。地球上
に存在する国々の国内総生産（GDP）の総計は30兆ドル。同じく世界の貿易
決済に必要なドルは8兆ドルに過ぎない」「この巨大な通貨の総体は，そのま
まコンピューター・ネットワークを従僕とした世界金融システムと同義であり，
その世界金融システムは『商品として売買される通貨』をこそ前提としている」
「言葉を換えて言えば，世界のすべての地域と人々は，マネーの暴力の前に裸
で身をさらすことを余儀なくされている」「世界を覆う金融システムとその上

に乗って自己増殖しながら疾駆する『マネー』は，人間労働の成果と自然を含む価値高い資源を，貧しい国から富める国へと移す道具になっている。本来の役割を変えたマネーは『利が利を生むことをもって市場とするマネー』となった」と記している。

金融資産の肥大化は，アメリカのコンサルタント会社マッキンゼーの研究機関 MGI の調査によると，2010 年現在，世界の実態経済の規模を示す GDP が 66 兆ドルであったのに対し，市場のマネーは，その 3.2 倍の 212 兆ドルといわれている。

また，元京都大学経済研究所長，佐和隆光は自書『資本主義はどこへ行く』[4] の中で，次のように述べている。「日本人の一人あたりの GDP」は坂を上り詰めた。今後，高原状態のまま推移する可能性は高く，そこから転げ落ちるようなことはまずない。その意味で，私たち日本人は十分「豊か」であり続けるだろう。これ以上 GDP ないし国民所得をのばしても，それが私たちの「豊かさ」の増進につながる保証はない。そのこと自体，何の意味も持たない。これまでの価値観に変わる新たな目標を見いださなければならない。すなわち，人間として物質的豊かさと異なる，もっと有意義な生き方を模索する必要がある。

民主主義，自由主義，個人主義という 3 つの価値は，21 世紀を通じて「普遍的価値」を持ち続けるはずである。しかし，多数派の弱者はむち打たれて働き，少数派の富者はより一層豊かになる市場主義社会のメカニズムは民主主義に反することは否めがたい事実である。

私たちが目指すべきは，誰にとっても「住みよい社会」，一人ひとりがたとえそれが経済的に無価値であっても，人間の営みとして有意義な価値を追求できる社会，一人ひとりが「やりたいこと」を精一杯やり通せる社会，一人ひとりの能力を最大限発揮できる社会でなくてはならない，と。

人々の幸せに満ちた生活を可能にしてくれる自然環境，精神文化，文化・伝統，歴史遺産などを犠牲にする経済成長は人間が住む国の「成長」とは言えないのではなかろうか。

市場経済のもとで多くの国民が激しい競争にさらされ，米国のような富める国が圧倒的な力で貧しい国を席巻し，世界中で富と貧困という格差を拡大している。グローバル化（世界市場化）に期待と不安が交錯している。環境破壊，

失業，格差を生むグローバル化は世界を不幸に陥れるものであろうか。

　最富裕国に住む世界人口の５分の１と最貧国に暮らす５分の１の人たちの収入の格差は1960年には30対１であったのが，35年後の1995年には74対１に拡大したという。アメリカにおける格差は，国民の１％が国富の20％を有する異常な社会だ*。背景にあるのは資本主義の暴走だ。先進国の所得格差や貧困，失業の問題は深刻である。

　日本のジニ係数（所得や資産の分配の不平等度を測る尺度の一つ）は2011年，0.316でイギリスやフランスとほぼ同じであった。アメリカは0.411（2013年）であった。たとえばジニ係数が0.5であれば，人口の４分の１の人たちが全所得の４分の３を得，４分の３の人たちが残りを分配する，というものである。（世界銀行による）

　温暖化は人間の経済活動が原因であるから，環境のためには，経済活動が抑えられている方がよいが，経済と環境はバランスをとる必要がある。人間が利潤を追求すると，必然的に環境に負荷をかけ，温暖化を促進してしまうのではなかろうか。テクノロジーのおかげで便利になるはずの生活がますます複雑になっている。自己を主張し，欲も自由も限りがない。多くの人々は衝突したり，ストレスに苦しんでいる。気候変動に関する政府間パネル（IPCC）は，設立以来科学的な知識を蓄えてきた。すでにわれわれはIPCCが描いてきたとおりの温暖化した世界に生きている。

　20世紀，われわれは，大規模な戦争の後に大量生産・大量消費・大量廃棄という，文明を築いてきた。しかし，異常とも思える右肩上がりの発展が永遠に続くはずはない。

　　　　「うばい合えば足らぬ　わけ合えばあまる」

　　　　　　　　　　　　　　　　あいだみつお（書家・歌人）

8-3　真の豊かさとは何か

　　　　「限りある財（たから）をもちて，限りなき願いに随（したが）ふこと，得べからず」

　兼好法師（1282〜1350）は，徒然草第217段，「或（ある）大福長者のいわく……」，で始まる段のなかで，このように書き記している。

---

*　国際NGO「オックスファム・インターナショナル」は2019年１月，2018年に世界で最も裕福な26人の資産の合計が，経済的に恵まれない世界人口の下位半分（約38億人）の資産合計とほぼ同じだとする報告書を発表している。

　また，ドイツ理想主義哲学に共感し，功利主義を批判したイギリスの思想家であり評論家でもあったトーマス・カーライル（T.Carlyle 1795〜1881）は，欲望の肥大と幸福の関係を次のような分数で表している。

　　　　幸福 ＝ 財／欲望

　人間はどれだけ消費し，どれだけ所有すれば満足できるのか。科学技術に支えられ膨らんだ先進国の人々の「限りない欲望」が，地球の「限りある財」をダメにしている。これが，気候変動や生態系の危機などの今日の地球環境問題の本質ではないだろうか。

人々の意識，意見がどう変ってきたか

地球環境は病んでいるか（2008 年朝日新聞「暮らしと地球環境」世論調査）

　暮らしと地球環境に関する世論調査で「地球環境を病んでいる」と感じる人が 4 人に 3 人いることが分かった。過去の調査と比べて現状を悪く受けとめている人が増えている。世論調査によれば，地球温暖化を心配する人は 9 割を超える。京都議定書の義務については，78％が必ず達成すべきだとしており，問題意識の高さがうかがえた。

　地球環境の状態について人間の健康にたとえると「重病」「病気」と思う人は合わせて 76％。「重病」は 16％。10 年目前の 7 ％， 5 年前の 12％に比べ増

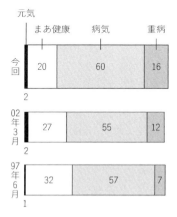

図 8-2　いまの地球環境を人間の健康にたとえると…
（数字は％，「その他・答えない」は省略）

え続けている。

　また，温暖化対策として石油や石炭への課税が議論されている「環境税」の導入については，賛成が48％，反対は41％だった。5年前の調査では，賛成と反対はほぼ同数で拮抗していた。

　物質的にある程度豊かになったので，これからは心の豊かさやゆとりのある生活をすることに重きを置きたいと思う人は62.6％であった。

　まだまだ物質的な面で生活を豊かにすることに重きを置きたい……28.6％

　どちらとも言えない……7.4％，わからない……1.4％であった。

　一方，国立環境研究所の「環境意識に関する世論調査2016」の，"最近の環境の変化"について「やや悪くなっている」31.2％，「悪くなっている」27.4％と「悪くなっている」との回答が合計で59.1％と多数を占め，2008年の「暮しと地球環境」世論調査とほぼ同様の結果となっている。

豊かさ，「モノ」より「心」，国民の6割が実感

　「モノの豊かさ」よりも「心の豊かさ」を重視する人が60.7％いることが，内閣府の「国民生活に関する世論調査」（2005年）でわかった。1980年代に入ってから「心の豊かさ」を求める傾向は年々高まっており，2005年度では，62.6％。一方，「モノの豊かさ」は28.6％だった。

　高度に進展したグローバル経済は放っておくと一握りの富裕層と多数の貧困層という格差社会を生み出す。アメリカではいまや0.1％の人々が，下位90％の人々の合計する富を所有しているといわれている。

　豊かな国々はますます豊かになり，貧しい国々はその逆をいく。グローバリゼーション，IT革命（情報技術）といった言葉が踊る。しかし，地球はまだ一体化などしていない。すべての人達が情報や技術の恩恵を分け合っているわけでもない。アナン元事務総長の言葉は，豊かさから取り残された「南」の人達の怒りと訴えを凝縮している。

　現在の先進国の生活様式・価値観で，これからの人達が同じように豊かさを追い求めれば，地球が破局を迎えるに相違ない。いまのうちに，文明のあり方を問い直せば間に合うかもしれない。先進国と途上国にある不公平を取り除き，将来の世代の権利も確保しながら，「真の豊かさ」を共有する必要がある。

　中国の春秋時代の宋の子罕の書『春秋左氏伝』に「貪らざるを以て宝となす」

という言葉がある。また，『老子』に，「禍は足ることを知らざるより大なるは莫」（第46章）とあり，「足ることを知るものは富めり」（第33章）とも書かれている。足るを知るという満足こそが，永遠の満足である。

　また，仏教では「少欲知足」を説く。ブッダが遺した最後の教戒『遺教経』には，「知足の法は即ち是れ冨楽安穏の処なり」とある。知足の法とは，足ることを知る教えで冨楽は心豊かなことだ。安穏は平穏なことを意味する。

　さらに浄土三部経の一つで阿弥陀仏の教えである，『無量寿経』に

　　　　田なければ，田なきを憂う。宅なければ，宅なきを憂う。田あれば，
　　　　田あるを憂う。宅あれば，宅あるを憂う

と。喜びには必ず心配がついてくる。この不安と空しさを経典は説いている。人は苦から逃れて楽になりたいとの欲望をもち，その欲望が叶えられないと，そこに苦が結果する。

　人間は資産がなければないで憂い，あればあるで憂うる存在である。

　江戸後期の禅僧，良寛の晩年のうたに次のようなものがある。

　　　　つきて見よ　ひふみよいむな　こゝのとを
　　　　十とをさめて　また始まるを

手鞠の繰り返しに永遠回帰，無限の宇宙世界を連想させるものがある。

　人もまた，永遠の循環の理のなかの旅人ではないか。

　現在の歌人，佐々木幸綱は良寛に親しみを込めて

　　　　「良寛さんというと何となく懐かしい気分になるのはなぜだろうか。
　　　　たぶん，良寛さんには私たちが失ってしまったものがあるからでし
　　　　ょう。急がない心，こだわらない心がそこにあるからだ」

と語っている。

　名古屋の人気者であった，きんさんぎんさんは百歳を越えた春，経済成長至上の世の中を風刺した。

　きんさん：　「倹約」や「貯金」が，どーしてあかんの？　お上が先頭に立っ
　　　　　　　て，「ムダづかい」をすすめや～すのは，お天道さまに申し訳
　　　　　　　けにゃぁことだわ。

　ぎんさん：　わしらが買いつづけにゃ失業者がふえるって言ゃ～すけど，買
　　　　　　　いつづけへんでも失業者がふえにゃぁ仕組みを考えるのがお上

の仕事じゃぁにゃあの。

きんさんぎんさんの会話（1999年2月『通販生活』広告より）

　きんさんぎんさんのみならず，止まることを知らない経済活動に懐疑の念を抱くのは衆目の一致する所である。日本人もここにきて，物を多く所有しても幸福には必ずしも直結しないことに多くの人が気づいてきた。

世界がもし100人の村だったら（2016年版）

　その村には……

・60人のアジア人，11人のヨーロッパ人，14人の南北アメリカ人，15人のアフリカ人がいます。

・50人が女性，50人が男性です。

・70人が有色人種で，30人が白人です。

・1人（アメリカ人）が村の富の50％をコントロールしています。

・23人が屋根のない住居で暮らし，14人は読み書きができません。

・15人は栄養失調に苦しみ，1人が瀕死の状態にあり，1人はいま，生まれようとしています。13人はきれいな飲料水が飲めません。

・7人は大学の教育を受けたことがあり，93人はありません。

・71人は1日の収入が20ドル以下です。

＊アメリカのある中学校の先生が，もし，現在の人類統計を盛り込んで，全世界を100人の村とするとどうなるかを毎日，自分が教えていた生徒に学級通信という形で，メールしたものが最初である。（2001年）

SDGs「持続可能な開発目標（Sustainable Development Goals）」

　「誰もが人間らしく安全に暮らせる社会と，豊かな自然環境とを両立させよう」という取り組みにSDGsがある。2015年9月の国連総会で全会一致で採択された行動計画である。貧困や不平等，気候変動の対策など17分野の目標を掲げ，世界の国々が連携して，2030年までに達成しようとしている。

■引用・参考文献

1)　レスター・C・サロー，山岡洋一，仁平和夫訳『資本主義の未来』TBSブリタニカ（1996）.

2)　矢野恒太郎記念会編集『世界国勢図絵 2010/11版』矢野恒太郎記念会（2010）.

3)　内橋克人『〈節度の経済学〉の時代』朝日新聞社（2003）.

4)　佐和隆光『資本主義はどこへ行く』NTT出版（2002）.

おわりに

－環境破壊という魔物が文明のなかから生まれ，

人間の欲望を養分として世界中で育っている－

　地球の環境・資源が無限でないことを，いち早く警告したローマクラブから『成長の限界』という書が刊行されたのは 1972 年であった。あれから 50 年近くが経過したが，その警告はいまだ有効に作用していない。資本主義は「欲望」と「終わりなき拡張の論理」（しばしば進歩・発展と表現されている）をその本質として持つものであろうか。それとも，「終わりなき発展」は資本主義が生み出した，というよりも，なかば人間社会や文化に固有のものであり，少なくとも近代社会そのものが，そうした無目的な発展の中にのめり込んでいったからであろうか。

　「自制の精神（倫理 Ethos）の上に資本主義がある」，とドイツの経済学者マックス・ウェーバーは論文「プロテスタンティズムの倫理と資本主義の精神」（1904年）のなかで書き記し，人々を内側から一定の方向に向かって押し動かして行くところの「資本主義の精神」は，「まだ前資本主義的あるいは市民的資本主義の発達が立ち遅れている文化のなかに生きている地域の人々に比べ，むしろ己の，とりわけ生来の衝動的欲求としての“貪欲”を抑制することを知っている」と述べている。さらに「自己の欲望をある程度まで抑制できることこそが資本主義が成立するための前提条件となっている」，とまで言い切っている。

　自由貿易，あるいは市場経済は強者の側の論理であり，少なくとも自由貿易万能，市場経済万能で進めていくと，貧富の差は拡大し，開発途上国，とりわけブラック・アフリカ諸国を世界経済の流れから取り残す恐れがある。これでは，環境問題は何一つ解決しないであろう。競争し奪い合う社会では環境は救えない。自由競争の論理の支配は，環境倫理と矛盾するのではなかろうか。

　地球サミット「国連環境開発会議」（1992 年）では，「持続可能な開発（Sustainable Development）」が議論されたが，「開発」と「地球環境保全」の両立は可能であろうか。ソ連の社会主義体制が崩壊したのを「人類が行った壮大な実験」と表現した人がいたが，現在のわれわれが生活している資本主義社

会も同様に思えてならない。社会主義の幻想と資本主義の矛盾が共存している
なかで，大切なのは，すべての人たちが「限界の感覚」ということを再認識す
る必要がある。「限界の感覚」，「自制」とか「自律」ということは，目先だけ
でなく「有限の地球システム」のなかで，「地に足をつける」，ということでは
なかろうか。

　では，科学技術にこれほどまでに依存して生きていかなければならないわれ
われはどうすればよいのであろうか。それには，ともすれば地球環境を犠牲に
して築いた経済発展や生活様式を見直すことから始め，自然との共生を基本と
した「環境保全型の社会」の実現に力を注ぐ必要がある。いまこそ，「地球規
模で考え，足下から行動を」（Think globally, act locally）の実践こそが肝要
である。

　幸福の定義や尺度を研究しているアメリカの心理学者，マイヤースとディー
ナー の研究によれば，「幸福は，性別，年齢，経済的地位，人種，教育レベル
などといった，人口統計学的な分類とは関係がなく，どのような方法を用いて
も，無作為に抽出された人々の主観的幸福は，同じ結果を与えている」，と
1996 年の論文に記している。

自然を正しく観ずしては，人間の知恵がはらむ
無明の闇を払うことはできない。

付録　エネルギーと単位

　基本単位として長さを表すのにメートル（m），質量を表すのにキログラム（kg），時間を表すのに秒（s），それに電流量を表すアンペア（A）を加えたMKSA 単位系が用いられている。この 4 種の物理量から全ての単位は導け，国際単位系（フランス語の略で SI 単位系）として広く世界中の各国（アメリカではヤード・ポンド法が残っているが）が採用する統一単位系となっている。

　①　力の単位はニュートン(N)で質量かける加速度であるから $kg\cdot m/s^2$，エネルギーの単位はジュール(J)で，力かける距離より，$kg\cdot m^2/s^2$ である。エネルギーを消費し，時間あたりどれだけの仕事をするかを仕事率といい，その単位はワット（W）で J/s となる。これらの単位を日常感覚で捉えると，重力加速度が $9.8\,m/s^2$ であるから，約 100 g を落ちないように持っている力が 1 N となり，1 m 持ち上げると 1 J となる（実際はもっとエネルギーが要るが）。この動作を毎秒行うと（1 J のエネルギー消費は）1 W となる。

　②　エネルギーとしては，熱エネルギーが最もなじみ深い。この単位としてカロリーが用いられ，その定義は 14.5℃ の水を 15.5℃ へ 1℃ 上昇させるに必要なエネルギーであるが，測定条件などでの変動を免れない。熱化学では 1 cal ＝4.184 J と一義的に規定している。日本人の成年男子は平均約 2,400 kcal 毎日摂取しているが，これは 24 時間の平均で考えれば，約 100 W に相当する。馬力という馬の仕事率の単位があるが，フランス（慣用単位は国により違うことが多い）での 1 馬力は 735.5 W に相当する。

　③　電気的エネルギーの単位は家庭や工業的にはキロワット時（kWh）である。この単位は 3.6×10^6 J である。原子，分子のレベルでは電子のエネルギーを表すのに，電子ボルト（eV）を使用すると便利である。1 eV とは真空中で電子が 1 V の電位差を横ぎることによって得る運動エネルギーを言う。電気量（クーロン）かける電圧（V）がジュールとなるように定義されているので，電子の電気量を入れて，1 eV＝1.62×10^{-19} J なる関係がある。化学反応ではアボガドロ定数（6.02214076×10^{23}／mol）をかけてモル単位で表現する。

　④　電波，赤外線，可視光線，紫外線，エックス線，ガンマ線など名前は異なるが，全て電磁波である。これらのエネルギーは振動数に比例している（p.62 参照）。

微小な世界・巨大な世界を表す言葉

接頭語	指数表示	大きさ	接頭語	指数表示	大きさ
ミリ(m)	10^{-3}	1000 分の 1	キロ(k)	10^3	1000
マイクロ(μ)	10^{-6}	100 万分の 1	メガ(M)	10^6	100 万
ナノ(n)	10^{-9}	10 億分の 1	ギガ(G)	10^9	10 億
ピコ(p)	10^{-12}	1 兆分の 1	テラ(T)	10^{12}	1 兆
フェムト(f)	10^{-15}	1000 兆分の 1	ペタ(P)	10^{15}	1000 兆
アト(a)	10^{-18}	100 京分の 1	エクサ(E)	10^{18}	100 京 (けい)
ゼプト(z)	10^{-21}	10 垓分の 1	ゼタ(Z)	10^{21}	10 垓 (がい)
ヨクト(y)	10^{-24}	1 秭分の 1	ヨタ(Y)	10^{24}	1 秭 (じょ)

濃度割合の単位

kg m^{-3}	質量濃度
mol m^{-3}	モル濃度
wt %, 質量%, mass %	質量百分率
vol %, 体積%	体積百分率
wtppm, 質量ppm, massppm	質量百万分率 (ppm：parts per million)
volppm, 体積ppm, ppm	体積百万分率
wtppb, 質量ppb, massppb	質量十億分率 (ppb：parts per billion)
volppm, 体積ppb, ppb	体積十億分率
volppt, 体積ppt, ppt	体積 1 兆分率 (ppt：parts per trillion)
N, Nor	規定，1 N $(1\,mol\cdot l^{-1})/Z$, Z はイオンの電荷数
pH	potential of Hydrogen, 水素イオン指数（規定の単位）の逆数の常用対数

面　　積

1 ha (hectare) =	100 a	$=10^4 m^2$
1 a (are) = 100 ca (センチアール)	=100 m^2	
= 0.002471 エーカー	=1.0083 畝	

1 km^2=10^6 m^2　=100 ha　=0.38610 平方マイル=0.064836 平方哩
1 m^2=10^4 cm^2＝1 ca　=1.196　平方ヤード　=0.30250 坪
1 cm^2=100 mm^2=10^{-4}m^2　=0.15500 インチ　　=0.10890 平方吋

ギリシア文字

A	α	アルファ	I	ι	イオタ	P	ρ	ロー
B	β	ベータ	K	κ	カッパ	Σ	σ	シグマ
Γ	γ	ガンマ	Λ	λ	ラムダ	T	τ	タウ
Δ	$\delta\,\partial$	デルタ	M	μ	ミュー	Υ	υ	ウプシロン
E	ε	イプシロン	N	ν	ニュー	Φ	$\phi\,\varphi$	ファイ
Z	ζ	ゼータ	Ξ	ξ	グザイ	X	χ	カイ
H	η	イータ	O	o	オミクロン	Ψ	ψ	プサイ
Θ	$\theta\vartheta$	シータ	Π	π	パイ	Ω	ω	オメガ

元素の周期表 (2023)

凡例：
原子番号 — 1 H — 元素記号[1]
元素名 — 水素
原子量(2020) — 注2

族\周期	1	2	3	4	5	6	7	8	9	10	11	12	13	14	15	16	17	18
1	1 H 水素 1.00784~1.00811																	2 He ヘリウム 4.002602
2	3 Li リチウム 6.938~6.997	4 Be ベリリウム 9.0121831											5 B ホウ素 10.806~10.821	6 C 炭素 12.0096~12.0116	7 N 窒素 14.00643~14.00728	8 O 酸素 15.99903~15.99977	9 F フッ素 18.998403163	10 Ne ネオン 20.1797
3	11 Na ナトリウム 22.98976928	12 Mg マグネシウム 24.304~24.307											13 Al アルミニウム 26.9815384	14 Si ケイ素 28.084~28.086	15 P リン 30.973761998	16 S 硫黄 32.059~32.076	17 Cl 塩素 35.446~35.457	18 Ar アルゴン 39.792~39.963
4	19 K カリウム 39.0983	20 Ca カルシウム 40.078	21 Sc スカンジウム 44.955907	22 Ti チタン 47.867	23 V バナジウム 50.9415	24 Cr クロム 51.9961	25 Mn マンガン 54.938043	26 Fe 鉄 55.845	27 Co コバルト 58.933194	28 Ni ニッケル 58.6934	29 Cu 銅 63.546	30 Zn 亜鉛 65.38	31 Ga ガリウム 69.723	32 Ge ゲルマニウム 72.630	33 As ヒ素 74.921595	34 Se セレン 78.971	35 Br 臭素 79.901~79.907	36 Kr クリプトン 83.798
5	37 Rb ルビジウム 85.4678	38 Sr ストロンチウム 87.62	39 Y イットリウム 88.905838	40 Zr ジルコニウム 91.224	41 Nb ニオブ 92.90637	42 Mo モリブデン 95.95	43 Tc* テクネチウム (99)	44 Ru ルテニウム 101.07	45 Rh ロジウム 102.90549	46 Pd パラジウム 106.42	47 Ag 銀 107.8682	48 Cd カドミウム 112.414	49 In インジウム 114.818	50 Sn スズ 118.710	51 Sb アンチモン 121.760	52 Te テルル 127.60	53 I ヨウ素 126.90447	54 Xe キセノン 131.293
6	55 Cs セシウム 132.90545196	56 Ba バリウム 137.327	57~71 ランタノイド	72 Hf ハフニウム 178.486	73 Ta タンタル 180.94788	74 W タングステン 183.84	75 Re レニウム 186.207	76 Os オスミウム 190.23	77 Ir イリジウム 192.217	78 Pt 白金 195.084	79 Au 金 196.966570	80 Hg 水銀 200.592	81 Tl タリウム 204.382~204.385	82 Pb 鉛 206.14~207.94	83 Bi* ビスマス 208.98040	84 Po* ポロニウム (210)	85 At* アスタチン (210)	86 Rn* ラドン (222)
7	87 Fr* フランシウム (223)	88 Ra* ラジウム (226)	89~103 アクチノイド	104 Rf* ラザホージウム (267)	105 Db* ドブニウム (268)	106 Sg* シーボーギウム (271)	107 Bh* ボーリウム (272)	108 Hs* ハッシウム (277)	109 Mt* マイトネリウム (276)	110 Ds* ダームスタチウム (281)	111 Rg* レントゲニウム (280)	112 Cn* コペルニシウム (285)	113 Nh* ニホニウム (278)	114 Fl* フレロビウム (289)	115 Mc* モスコビウム (289)	116 Lv* リバモリウム (293)	117 Ts* テネシン (293)	118 Og* オガネソン (294)

ランタノイド 57~71：

57 La ランタン 138.90547	58 Ce セリウム 140.116	59 Pr プラセオジム 140.90766	60 Nd ネオジム 144.242	61 Pm* プロメチウム (145)	62 Sm サマリウム 150.36	63 Eu ユウロピウム 151.964	64 Gd ガドリニウム 157.25	65 Tb テルビウム 158.925354	66 Dy ジスプロシウム 162.500	67 Ho ホルミウム 164.930329	68 Er エルビウム 167.259	69 Tm ツリウム 168.934219	70 Yb イッテルビウム 173.045	71 Lu ルテチウム 174.9668

アクチノイド 89~103：

89 Ac* アクチニウム (227)	90 Th* トリウム 232.0377	91 Pa* プロトアクチニウム 231.03588	92 U* ウラン 238.02891	93 Np* ネプツニウム (237)	94 Pu* プルトニウム (239)	95 Am* アメリシウム (243)	96 Cm* キュリウム (247)	97 Bk* バークリウム (247)	98 Cf* カリホルニウム (252)	99 Es* アインスタイニウム (252)	100 Fm* フェルミウム (257)	101 Md* メンデレビウム (258)	102 No* ノーベリウム (259)	103 Lr* ローレンシウム (262)

注1 : 元素記号の右肩の * はその元素には安定同位体が存在しないことを示す。そのような元素については放射性同位体の質量数の一例を（ ）内に示した。ただし、Bi, Th, Pa, U については安定同位体が特定の同位体組成を示すので原子量が与えられる。

注2 : この周期表には最新の原子量「原子量表(2023)」が示されている。その値は複数桁の安定同位体が存在し、その相対同位体存在度において大きく変動して原子量が与えられない元素については単一の数値で示されている。

備考：原子番号104番以後の超アクチノイドの周期表の位置は暫定的である。

©2023日本化学会 原子量専門委員会

索　　引

著者略歴

なか だ まさひろ
中田昌宏

千葉工業大学工学部卒業
千葉工業大学名誉教授　博士（工学）
専門　環境科学，分析化学

かさしまよし お
笠嶋義夫

千葉大学大学院自然科学研究科博士課程修了
千葉工業大学教授　博士（工学）
専門　有機化学，高分子化学，環境科学

しんばん　かんきょう　か がく
新版　環境の科学（第3版）

2001 年 4 月 1 日	初版第 1 刷発行
2007 年 9 月 20 日	初版第 9 刷発行
2008 年 4 月 15 日	新訂第 1 刷発行
2016 年 9 月 25 日	新訂第 7 刷発行
2017 年 3 月 20 日	新版第 1 刷発行
2021 年 4 月 10 日	新版第 5 刷発行
2022 年 3 月 20 日	新版第 2 版第 1 刷発行
2023 年 3 月 25 日	新版第 2 版第 2 刷発行
2024 年 4 月 15 日	新版第 3 版第 1 刷発行

Ⓒ 著 者　中　田　昌　宏

笠　嶋　義　夫

発行者　秀　島　　　功

印刷者　渡　辺　善　広

発行所　**三共出版株式会社**　東京都千代田区
神田神保町3の2

〒 101-0051 電話 03（3264）5711 FAX 03（3265）5149 振替 00110-9-1065

一般社
団法人**日本書籍出版協会**・ 一般社
団法人**自然科学書協会・工学書協会 会員**

印刷・製本　壮光舎

ISBN 978-4-7827-0831-6